花
千
樹

Dr. Jackei Wong 著

安全 Cyber Safety 上網

智能時代的風險與自我保護

目錄 Contents

Chapter 3：
人工智能及大數據時代的好與壞

Chapter 4：
成為數碼公民

前言

　　一場世紀疫症，改變了全世界人民之生活模式。小至個人日常生活習慣，大至世界經濟，均受到嚴重影響。經濟增長大幅放緩，甚至錄得負增長，大量工廠停工，旅遊、餐飲及零售業受到重大打擊。從各大分析中心所提供的報表可看到，這個負面影響來得非常急切，影響幅度亦十分驚人，要修復全球經濟，相信不是短時間內可完成的事。

　　疫情持續，為了減低傳播機會，各地政府建議市民盡量減少不必要之外出，留在家中抗疫。雖然因為各種原因令出門機會減少（例如政府建議市民在家工作及網上授課），社會及日常生活之運作並沒有因此而停下來，上班族仍是要每天工作，學生們仍是要每天上課，只是在生活模式上不得不作出改變，這讓全世界人民加重了對互聯網的依賴。

　　提到互聯網，你會聯想到什麼？除了 Facebook、Instagram、YouTube，還有什麼？你每天會使用互聯網多久？1 小時，3 小時，還是更久？

　　互聯網本來就已經是我們日常生活的一部分，疫情出現

安全上網
智能時代的風險與自我保護

後，互聯網的重要性變得好像跟空氣差不多，沒有互聯網幾乎生存不了。我們每天，甚至每時每刻都在使用互聯網，包括通訊、社交及娛樂等，就讓我在這裡跟大家做一個互聯網應用小盤點。

互聯網應用——教育

- **Google Meet、Zoom、Microsoft Teams**：雖然有一段時間停課不用回校，但是停課不停學，同學們需要使用這些視像會議平台參與網上課堂。

- **Google Classroom**：相信大家在疫情出現前也一直在使用這個平台，包括下載教材、繳交功課、查閱學習進度及成績、在平台上與老師及同學互動及交流等。

- **網絡搜尋引擎（search engine）**：網上尋找資料作專題研習。

- **YouTube**：搜尋及觀看教學影片。

- **其他訊息交流工具**：包括電子郵件、WhatsApp 群組等。

互聯網應用——社交及娛樂

- **Facebook、Instagram**：每天一次、數次或者非常多次瀏覽各大社交網絡平台，與朋友分享日常生活及心情，亦可得悉朋友之近況並進行互動，還有大量媒體在平台上發放訊息及分享世界大事。

- **YouTube**：可能你已經擁有並正在經營自己的頻道。在互聯網世界，任何人也可在網上發放自己的影片，內容非常之廣，對年輕人來說，最受歡迎之主題包括遊戲、玩具開箱及年輕人綜藝娛樂節目等。

- **Spotify、Apple Music、MOOV**：當你突然想聽一首歌，以前可能要去找找那首歌有沒有被下載到手機內，現在只需要打開相關手機應用程式，透過互聯網便可即時享受串流音樂，音質還在不斷提升中。

- **網絡論壇（online forum）**：雖然現時影片製作相比過去已變得非常簡單，但是要就某件事進行討論，還是在網絡論壇用純文字（有時會配合圖片作解說）較為方便。相信你應該曾瀏覽過 Reddit 論壇吧。

- **網絡遊戲（online game）**：在 2020 年，YouTube 所公布的世界各地熱門搜尋關鍵詞清單中，有 3 個遊戲

名字在各地列表中均獲得高排名，包括 Minecraft、Roblox 及 Fortnite。我親身看到不少小朋友還未升小學已在玩 Minecraft 遊戲了。

- **Discord**：玩網絡遊戲，除了享受不同款式之遊戲外，與朋友或網友聊天及分享遊戲點滴，亦是其中一個吸引之處。這個遊戲主題之互動平台，在最近兩三年冒起，並已入侵年輕人之世界。Discord 才是新一代之熱門通訊平台。

- **網購**（online shopping）：疫情令大家減少逛街活動，導致整體零售消費下跌，商店紛紛由實體店轉型（或擴充）至網上銷售。HKTVMall、Big Big Shop，甚至淘寶，還有一眾海外網購平台，就算你還未有在這些平台消費，相信亦聽說過它們的名字。除此之外，在 Facebook 及 Instagram 也可找到不少代購專頁及群組。

互聯網應用——工作

- **Zoom、Microsoft Teams、Google Meet**：在工作應用方面，這3個工具頓時變為視像會議平台。會議交流、研討會演講、網上活動等都一直依賴著這些工具把所有參與者連繫起來。

- **Microsoft Office 365、Google Docs**：辦公室文書處理工作不再只是支援孤軍作戰模式，為了讓工作更有效率，現時這些平台均支援網上協作功能。大家可以同時在網上更新同一個網絡文件，讓工作更及時。

- **Slack**：這平台主要支援有效團隊溝通，相比其他即時通訊軟件，它所提供的功能包括訊息搜尋、權限管理及頻道分流等則較為全面。

- **Google Drive、Dropbox、FTP**：網上檔案儲存空間亦是工作應用重要一環。除了訊息分享要及時，檔案分享亦一樣。很多公司擁有屬於自己的檔案管理伺服器，而有不少中小企則利用這些平台作公司團隊之檔案分享。

- **Trello**：在家工作，見面機會減少，除了對即時訊息交流有較高要求，項目管理方面亦需要支援。這個項目管

理軟件把工作安排清晰顯示在看板上，讓整個團隊對每個項目細節及進度有全面了解，而且可以直接針對某項目作互動，非常方便。

- **虛擬私人網絡（VPN，全名 Virtual Private Network）：**有很多公司都在辦公室建立及營運自己的伺服器（包括檔案管理伺服器及應用伺服器等）。為確保安全，伺服器存取權限不是公開的，每位使用者需要在家中（或任何辦公室以外之地方）連上公司的 VPN，才可存取公司內部資料，這是一個較為安全的做法。

- **其他訊息交流工具：**當然亦包括電子郵件、WhatsApp 及 Signal 群組等。

不知不覺間，原來我們每天都在使用這麼多不同種類的互聯網應用程式。在前作《神奇的互聯網——互聯網基礎概念和知識》中，跟大家分享了互聯網基礎運作及技術應用。假設你已經掌握了互聯網世界的入門知識，抱著「先認知，再求知」的心態，是時候開始討論一些較深入的課題。

其實互聯網世界跟真實世界有很多相似的地方，我們在互聯網世界中擁有一個或多個身份，在其中與其他互聯

網使用者交流（當中包括已認識的朋友及從來未碰面的網友）。我們會在互聯網世界中學習新知識，在網上消費及消遣。這一切一切都為全世界互聯網使用者帶來無比方便，但是每件事情都有兩面，有好處亦有壞處，多了解其風險及自我保護方法，才是一個精明的互聯網使用者。

越來越多時間留在家中，真實世界身份比重降低，互聯網中之虛擬世界身份之使用度則大大提升。在網絡世界生活，所有事情都變得非常簡單容易，只需按滑鼠鍵數次便可完成一個任務。例如要了解世界大事，可瀏覽新聞機構網頁或社交平台專頁；要認識新朋友，「加好友」亦只需簡單數個「click」。正正因為這個方便性，很多互聯網使用者沒有認真了解，究竟那個虛擬新朋友，是一個真實互聯網使用者，還是騙子裝的？究竟你在社交平台看到的所謂「新聞」是真實的，還是其他人編出來的故事？

人會生病，電腦亦一樣。可能你有聽說過，朋友的電腦中了病毒，不知如何處理。或者你在使用電腦時，常常有些不明來歷的網站在瀏覽過程中開啟，而且想把瀏覽器視窗關掉亦關不了，一直在開啟新視窗。電腦用了一段時間後，感覺系統反應緩慢，經過多番檢查後發覺有個不知名程式一直在後台運作，並佔用著一部分電腦資源，不知如

何是好。不用怕，你的電腦可能受到病毒感染，找個專家檢查一下便好。你有興趣成為這樣的專家嗎？

21世紀，是人工智能及大數據的時代，我們不能不認識這些概念，否則將會跟時代脫節。因為互聯網真的太流行，全世界有數之不盡的使用者，每天在製造大量數據。從前，電腦運算能力不夠，未能即時處理這些龐大數據。科技日益進步，電腦的運算能力已大大提升，我們每時每刻所創造的數據，被各大平台提供者利用大數據技術儲存及整合，再加上人工智能分析，一步一步了解所有使用者的行為、喜好及消費習慣。科技進步，是為我們帶來方便還是風險？

除了人工智能及大數據，智慧城市亦是另一個熱門課題。各地政府都在規劃開發藍圖，利用物聯網技術，把城市變得「智慧」一點。利用大量感應器及數據輸入裝置收集各種數據，把這些數據整理後跟市民共享，以提升市民日常生活質素。究竟這個發展方向是好是壞？感應器亦不只是用於大型裝置，近年越來越多電器可連接互聯網，即使不在家中亦可進行遙距操作，是否真的為用家帶來方便？需注意什麼風險？

互聯網每天都在改變，相信今天的互聯網世界跟 10 年後將會完全不一樣，未來互聯網的世界如何發展，將由新一代年輕人主導。先培養良好素質，才能把互聯網推向一個新境界。

Chapter 1 :

互聯網應用及
網絡安全概要

1.1 網絡足跡

如果你在沙灘上漫步，回頭一看，相信你會看到不少屬於你的腳印。腳踏在沙上留下腳印看來是一件平凡事，你又有沒有想過，我們在互聯網亦會留下不少網絡腳印？

網絡足跡（online footprint），又稱數碼足跡（digital footprint），是指所有互聯網使用者在使用互聯網應用時所留下或產生的訊息，包括你的網上帳號、在論壇或社交平台所發表的文章、利用即時通訊軟件發出的訊息等。這一切一切，都是你的網絡足跡。

互聯網發展得越成熟，我們在參與所有互聯網活動時留下的足跡便越多。原因很簡單，要發展互聯網，就需要了解所有互聯網使用者的背景、喜好、習慣，甚至期望。我們都在不知不覺間透露了這些資訊或想法給互聯網應用提供者，因為資訊交換才是發明互聯網的主要原因。

在 Web 1.0 時代，互聯網使用者只可在互聯網上瀏覽網站，而網站提供者都是單向地為瀏覽者提供資訊。既然是單向，用家不能在網站留下訊息。當時幾乎沒有人提及網

絡足跡這回事，因為對那些網站提供者來說，瀏覽量高已經是一個大成就，還未有想過要作進一步的資料收集。

到了 Web 2.0 時代，世界變得不一樣。大部分網站不再單一地向用家提供資訊，而是變得可讀及可寫，讓用家作為互聯網應用一部分並參與其中。我們可以在網上隨心所欲地留言，大膽分享意見及看法，亦可跟身邊朋友分享日常點滴。而且模式亦非常多元化，除了文字，還有圖片、聲音及影片。就是這種多元化模式，讓 Web 2.0 為世界帶來一個新熱潮，一眾網民一步一步墮進互聯網世界而不能自拔。這熱潮當然令我們留下不少網絡足跡，而這些腳印亦令我們看見互聯網未來的發展方向。

過了一段時間，互聯網服務提供者在想，是不是可以把大量用家的數據收集起來並進行分析？而且網絡世界充斥著各式各樣的資訊，如何做到精準搜尋，並把用家跟他們所喜愛的，在互聯網世界連在一起？近年，隨著人工智能及大數據技術發展越趨成熟，成就了 Web 3.0 時代。有不少互聯網平台加入這些元素去提升用家體驗，例如平台已經猜到你在找尋什麼，或者你需要什麼，它們會直接在平台顯示出來，讓你不用再花時間四處搜尋資料。這些功能，除了技術成分之外，沒有了你的網絡足跡，絕對成不了事。

在互聯網上進行任何活動都會留下數碼紀錄，有些是我們主動提供的，另一些是被動地給收集的。網絡足跡主要分為兩個類別，分別為主動式和被動式。

主動式網絡足跡（active online footprint）

這個類別包括所有由你提供並在網絡公開共享的訊息，包括：

- Facebook、Instagram 帖文

- YouTube 影片

- 即時訊息及電郵

- 網絡表格所輸入的資料等

以上一切內容都是你在互聯網透過某個平台主動提供的。可能你會說這些訊息都是跟身邊朋友共享為主，但是一旦在互聯網世界公開發布，除了你所想的對象會看到外，也有不少個人或組織看到的。例如你在 Facebook 讚好了某個專頁或發文，原來你的朋友亦有機會看到。雖然可以在

Facebook 修改個人私隱相關設定，但是很多用家都不會或不懂如何更改這些設定，結果其他人都知道你的一舉一動。

別輕視這個情況，後果可能非常嚴重。試想想，他日當你投身社會尋找工作時，所有未來僱主都可以在網上查找你的主動式網絡足跡，從而了解你的人品、喜好，甚至對國家大事的立場等。有點驚嚇，對吧？從今天起，你在發帖文時會否謹慎一點？

被動式網絡足跡（passive online footprint）

這個類別則包括互聯網服務提供者在後台所收集的數據，包括：

- 網站或手機應用程式偵測你的位置

- 手機應用程式收集你電話中的其他資料（例如瀏覽紀錄）

- 各服務提供者收集你的網絡行為（例如讚好及留言）作分析，再向你推送合適的廣告等

這些「被動」資料都是各個部門或機構在後台「主動」收集的，目的是在你不知情（或不被打擾）的情況下，靜悄悄地記錄你的網絡行為，從而對所有服務使用者，甚至每一位服務使用者作多一點了解。

　　值得慶幸的是，暫時這些數據仍未能在公共場所被其他人作搜尋或瀏覽，因此在日常生活中不會出現很大問題。但是近年私隱問題被全球熱烈關注及討論，在世界各地，甚至部分地區已為此進行修改法例討論，期望為各大互聯網使用者帶來多一分保障。

1.2 網上帳號及保護

回到家門前，要進入屋內，必須用門匙或密碼才能將門打開。要使用各種互聯網服務，很多時都需要使用者先登記帳號，除了輸入基本個人資料，使用者需要想好在平台上一個獨一無二的使用者名稱及屬於這帳號的密碼。你所設定的密碼，在每個平台上都是一樣，還是各有不同？

根據網絡安全公司 Nordpass 早前自行統計並發布的「2021 年最常被使用的密碼排行榜」，公布了前 200 個最常被用家選為密碼的英文字及數字組合。這排行榜亦說明了密碼被他人公開、使用次數和破解所需的時間。按 Nordpass 所述，在 2.75 億個常用密碼中，只有少於一半的密碼具有獨特的特徵，其餘則由容易記住的組合組成。Nordpass 強調，如果你正在使用的密碼，在這排行榜中排行前 200 名，這個帳號有可能在「不到一秒內」被駭客攻陷。建議你立即去看看，如果發現這個情況，應立即更改該密碼。

前 10 名排名如下：

1. 123456
2. 123456789
3. 12345
4. qwerty
5. password
6. 12345678
7. 111111
8. 123123
9. 1234567890
10. 1234567

https://nordpass.com/most-common-passwords-list/

破解密碼

我們不時會看到帳號遭盜用的新聞，其中一個主要原因就是該帳號密碼被破解。雖然現時已經出現很多保護使用者帳戶及密碼的方法，但是「道高一尺，魔高一丈」，很多不良網絡攻擊者借助一些簡單的工具就可破解使用者的密碼。

破解密碼方法主要分為以下兩個類別：

1. **暴力破解法：** 因為大部分密碼都是由數字、英文字母及符號組成，所以破解者可以利用一組伺服器群組，把所有密碼組合逐一測試，直至成功為止。由於現時很方便就可以用上網絡雲端伺服器資源，所有互聯網使用者不用花時間去構建伺服器群組，只需支付相關費用便可使用由第三方提供的伺服器資源。坊間有研究指出，利用伺服器群組每秒可以嘗試 3,500 億個組合。以這個破解速度來計算，要破解一組 6 位密碼不用 5 秒，7 位密碼不用 7 分鐘，8 位密碼約 10 小時，9 位密碼約 40 天，而 10 位密碼則需要超過 10 年時間。說到這裡，你應該會好好想一個最少有 10 個位的密碼了吧！

2. **密碼清單破解法：**雖然暴力破解方法好像成功率頗高，
   但是有個嚴重問題，就是密碼越長，所需測試的組合越
   多，破解時間就越長。一旦密碼超過了某個長度（例如
   10個位），相信你不會等待10年時間來破解一個密碼。
   其實有個較為簡單的方法，就是使用「密碼清單」。密
   碼清單上存放著各種常見的密碼，同時亦會整合一些常
   用的日期和詞彙。如果破解者一直在使用自己的密碼清
   單作密碼破解，隨著破解的密碼量不斷增加，密碼清單
   所記載的組合量亦相對提升。一般來說，密碼清單越豐
   富，所涵蓋的常用密碼越多，快速破解的成功機會便越
   高。

   由此可見，要創建一個安全密碼，長度是一個基本考慮
   因素，而且盡量避免使用常見詞彙。大家有否留意，在很
   多網站建立帳號時，有些系統會檢查你的密碼是「強密碼」
   或是「弱密碼」？原來密碼亦有強弱之分。

密碼強度

當大家了解密碼強度之定義及規則後，你亦可以創建屬於自己的強密碼。

先討論「弱密碼」，如果你正在使用以下規則創建密碼，即使是一部分，亦已經有一定風險，建議更改該密碼：

☒ 你自己、家人、朋友，甚至寵物的名字

☒ 整個或部分帳號使用者名稱

☒ 個人資料，包括電話號碼、出生日期、紀念日、車牌號碼等

☒ 常見英文詞彙

☒ 純數字組合

☒ 空白密碼（whitespace）

☒ 順序數字（1234）、順連英文字母（abcde）、鍵盤順序組合（qwerty）

☒ 明顯的字母替換（passw0rd，英文字母「O」換成數字「0」）

　　了解什麼是弱密碼後，是時候看看「強密碼」有哪些規則：

1. 認識了破解密碼的方法後，相信你知道密碼越長，所需破解的時間亦越長。專家建議密碼長度至少為 10 個位或以上。

2. 同時利用英文字母大小寫、數字及符號來提升密碼複雜度，密碼組合越複雜則越難破解。

3. 使用特別方法來創建密碼，例如可以把「Hello」變成「Gwkki」（用 QWERY 鍵盤的話，G 就是在 H 左面的鍵，如此類推）。

4. 使用密碼產生器（password generator），例如在運行 iOS 14 或以上版本的 iPhone 上，在各大平台建立帳號時，系統會自動為你創建及填寫一個高強度密碼等。

如果你正在使用這些規則來創建密碼，恭喜你，你的密碼相對較為安全。要知道你正在使用的密碼會否很容易被破解？其實也有方法的。先到一些網站（例如：How Secure Is My Password？），輸入你要測試的密碼，網站會告訴你如果使用一台電腦要多久才能破解這個密碼，而且網站背景顏色還會隨著密碼的強度作改變。要立即試試看嗎？

密碼管理器

不知道大家有否留意，現今大部分互聯網應用及平台均需要所有用家先註冊帳戶才能使用該服務。原因十分簡單，就是為了透過收集你在該平台的網絡足跡，從而更了解你。隨著成為互聯網一分子越久，每位用家都擁有越來越多帳號。

考考你，請列出你最常用的 10 個互聯網平台帳號，你做到嗎？

這時，有些讀者會發現這個問題太簡單，因為都是用一組帳號名稱及密碼於各大平台註冊帳號。停一停，想一想，如果這組資料被破解，那些不懷好意的人便可利用這組資料假裝你的身份在各大平台自由操作，這豈不是很危險？

為了解決這個問題，密碼管理器就這樣誕生了。坊間有各式各樣的密碼管理器，它們除了幫你記著所有網絡平台帳號的密碼外，還可以替你隨機產生高強度和高複雜性的密碼，協助你好好保護個人資料，防止外洩。

以下列出網絡上常見的 10 個密碼管理器，有興趣的讀者可以瀏覽管理器網站。每個密碼管理器各有優缺點，考慮因素包括管理器功能、加密方式、儲存位置等。另外，有免費版及付費版可供選擇。

1Password (https://1password.com/)

LastPass (https://www.lastpass.com/)

Dashlane (https://www.dashlane.com/)

Bitwarden (https://bitwarden.com/)

NordPass (https://nordpass.com/)

LogMeOnce (https://www.logmeonce.com/)

RoboForm (https://www.roboform.com/)

mSecure (https://www.msecure.com/)

KeePass (https://keepass.info/)

Keeper (https://www.keepersecurity.com)

關於密碼的重要提示

　　好好保護自己的密碼，是日常生活的一個重要環節。這看來簡單的事情，但是實踐時往往會有所忽略。在這裡跟大家分享數個要點，大家要好好緊記哦！

1.　**密碼特性**：要使用高強度密碼，新密碼不要與舊密碼相同，亦不要在各個平台共用一個密碼。

2.　**更改密碼**：建議每 3 至 6 個月更改一次密碼，因為同一個密碼用久了，始終有機會被破解。

3.　**帳號共用**：盡量避免與家人或朋友共用同一個帳號，因為其他人可能警覺性不夠高而導致資料洩漏，而且透過

即時通訊軟件或電郵分享密碼亦存在風險。

4. **瀏覽器上的功能：**在不了解瀏覽器服務供應商所提供的「儲存密碼」功能前，不要使用該功能。應先仔細了解資料儲存位置及加密方式等事項，再決定是否使用。

5. **雙重驗證（two-factor authentication）：**在登入時，除了需要輸入帳號名稱及密碼外，還需要多一個驗證方法證實登入者的身份。例如平台透過手機短訊或電郵發送一次性安全碼，或利用 Google Authenticator 等由第三方開發的驗證平台作身份核實，就算密碼真的洩露了，其他人也登入不了。

6. **使用密碼管理器：**如果真的有太多密碼，擔心記不下來，請使用密碼管理器，別簡單存放在一個文字檔案中。因為你這個檔案如果放在雲端伺服器，有可能沒有被加密，密碼較容易外洩；而密碼管理器一般都會把你的資料加密，並存放在安全的地方。

1.3 Cookie 技術、監管及私隱保障

　　關於 Cookie 技術，前作《神奇的互聯網——互聯網基礎概念和知識》曾簡單介紹過當中要點，現在先跟大家重溫一下。

　　當你利用自己的帳號名稱及密碼登入某個網站時，主要是透過 HTTP 通訊協定來與後台伺服器作溝通。這個通訊協定是沒有附帶狀態的（stateless），所以我們一般都會利用 Cookie 技術來替這個通訊協定額外附上一個狀態，讓伺服器可以把資料寫入 Cookie 中，並讀取資料。最常見放進 Cookie 的資料為登入狀態，當我們登入某平台時（假設該平台有利用 Cookie 技術記錄用家登入狀態），在我們透過瀏覽器發送首次登入請求時，伺服器便會回傳包含登入憑證的 Cookie 檔案，瀏覽器會將此檔案存放在電腦儲存空間的某處。當我們再次登入該平台時，假若 Cookie 未過期（每個 Cookie 都有一個到期日），瀏覽器便會發送該 Cookie 到伺服器作驗證憑據，這樣便可減少重複登入的輸入行為。

　　Cookie 分為第一方 Cookie（first-party cookie）及第三方 Cookie（third-party Cookie），這兩種 Cookie 都是網站

儲存在用家電腦上的一個檔案。它們都是在某個域名網站被創建，而原則上也只能被該域名網站存取。我們可以使用瀏覽器或第三方工具來查看在這台電腦上各大網站設置 Cookie 的情況。

第一方 Cookie

所謂「第一方」，是指你在某個平台登入並進行互動的平台（及其網域）。由這個平台所創建出來的 Cookie，就是第一方 Cookie。例如，當用家使用瀏覽器進入 facebook 網站時，瀏覽器在載入首個頁面時同時發送一個網頁請求，在這個過程中用家需要直接與 facebook.com 互動，其後瀏覽器就會把這些數據寫入在 facebook.com 域名下之 Cookie，並存放於用家的電腦上。

大部分網站及瀏覽器都採用及支援第一方 Cookie。如果沒有了第一方 Cookie，瀏覽器在網站中從一頁轉到另一頁時，該網站便無法追蹤你的活動。這時，問題就出現了！如果你在網絡平台上購物，在一頁面把想購買的物品放進購物車中，然後轉去另一個頁面瀏覽其他物品資料，如果

沒有第一方 Cookie，這個轉頁行為會被誤認為一個全新動作，之前的紀錄沒有被記下來，這樣就不能在同一個網站一次購買多件物品了。所以第一方 Cookie 真的為互聯網使用者帶來不少方便。

第三方 Cookie

如果「第一方」是指你正在使用的平台，「第三方」應該是指其他平台？說對了！

為什麼「第三方」平台可以透過其他網域把 Cookie 放進使用者的電腦？因為他們是合作伙伴。最常見的第三方 Cookie 來源為網絡廣告商，他們一般在多個網站上追蹤用家的行為，來調整廣告投放策略。例如，當你瀏覽過一個遊戲網站，再跳到一個完全無關的網站後，有可能在後者出現遊戲相關廣告。這類第三方 Cookie 會跨網域獲取用家的瀏覽紀錄，並用來發布該用家會關注的廣告。

我們怎樣可以知道網站用第一方或第三方 Cookie ？如果網站供應商沒有主動跟我們解釋，而我們亦未有相關技

術直接查看網站的 Cookie，相信未必會知道。下面所說的
GDPR 法規就是針對這點作規範，為廣大互聯網使用者帶
來一點保障。

Cookie 本身是讓大家在互聯網瀏覽網站時更順暢的一
種機制，使用 Cookie 可避免用家每次到訪經常使用的會員
網站均需登入這個步驟，達至用家及網站提供者雙贏的局
面。但在另一方面，Cookie 亦為網絡私隱帶來一點危機。
坊間有些網絡安全報告指出，Cookie 有可能在用家不知情
的情況下遭第三者利用，導致用家網絡私隱被侵害。

由 2018 年 5 月 25 日起，歐盟法例規定，所有網站供應
商必須為歐盟地區訪客提供網站上所用的 Cookie 資訊，這
條法例名為 GDPR（General Data Protection Regulation，
一般資料保護法規）。在大多數情況下，相關法例同時規
定，網站供應商亦必須取得訪客同意才能使用 Cookie。現
時即使沒有在進入網站時看到接受 Cookie 的條款，但該網
站可能也有使用 Cookie。按照 GDPR 所規範，徵求訪客同
意書的內容必須包含以下項目：

1. 網站主名稱及將與哪些廣告平台共享資料

2. 收集資料目的

3. 資料儲存期限

4. 需與網站私隱政策連結及

5. 同意或不同意

　　這項法例的基礎是「被遺忘權」（right to be forgotten），這個人權概念其實在歐盟已經付諸實行，意思是用家可以要求資料控制一方刪除所有個人資料的相關連結、副本或複製品，在沒有 Cookie 及其他技術使用情況下，轉頁時需要重新登入。另外還有「資料可攜權」（right to data portability），是指用家可以將於一個平台的資料轉移到另一個平台上。所以有些平台於最近兩三年特別推出了資料備份功能及個人資料管理工具，方便讓用家進行個人資料相關操作。

　　就是因為這條法例，每個網站供應商都必須取得網站使用者同意才能安裝及追蹤 Cookie。但是有些網站仍然無視這個法規，無論使用者同意與否，都會安裝及追蹤 Cookie，而大部分使用者都不知情。若擔心這個情況發生在你身上，可能你會說以匿名方法瀏覽各個網站便可把問

題解決，但是這樣的話，你每次進入那些會彈出相同提示說明的網站，每次都要按一下「我同意」這個按鈕，難免會感到有點麻煩。

　　當「麻煩」出現，大家可能都會在互聯網上找尋解決辦法。由於我們在瀏覽網站時都需要使用瀏覽器，網上有個瀏覽器擴充功能叫「I don't care about cookies」。它可以幫你隱藏大部分網站的 Cookie 警告訊息，並明確允許各大網站在你的電腦上存取及使用 Cookie。看似方便，但內藏危機，建議三思而後行。

https://www.i-dont-care-about-cookies.eu/

　　要學會如何管理 Cookie，其實是有方法的。現今的瀏覽器都設有 Cookie 設定選項，讓使用者自行掌控及管理電腦上的 Cookie。在這裡送給大家兩個小錦囊：

❶ 刪除 Cookie 的方法

Step 1：在電腦上開啟 Chrome 瀏覽器。

Step 2：先按一下右上方的「更多」圖示，再按「設定」。

Step 3：在「安全性與隱私權」一節，按一下「Cookie 和其他網站資料」。

Step 4：先按一下「顯示所有 Cookie 和網站資料」，再按「全部移除」。

Step 5：按一下「全部清除」即可確認清除。

❷ 停用第三方 Cookie 的方法

Step 1：在電腦上開啟 Chrome 瀏覽器。

Step 2：先按一下右上方的「更多」圖示，再按「設定」。

Step 3：在「安全性與隱私權」一節，按一下「封鎖第三方 Cookie」。

例子中所使用的是 Chrome 瀏覽器，其他瀏覽器（甚至手機中的瀏覽器）的操作亦大同小異，方法可在互聯網上搜尋。

　　現在你應該學懂如何管理電腦上的 Cookie 了。由今天開始，自行決定是否要保留或選擇保留哪些網域的 Cookie，好好保護自己的網絡私隱吧！

1.4 無線網絡技術

　　WiFi 無線網絡是一種利用無線電波進行數據傳送的技術，與利用實體網線連線相比，連線至無線網絡一般都需要一個連線密碼，可是很多密碼都容易被撞破，較容易遭到入侵。為了讓 WiFi 連線更安全，我們可採用 WiFi 加密（encryption）技術從而減低數據傳送時被入侵的機會。所謂「加密」，是指網絡封包（packet）資料在傳送時被加上一層保護，傳送後在打開網絡封包時，亦要把這個保護解開，才能看到內裡資料。

　　WiFi 加密演算法在最近數十年經歷了很多改變，技術得以提升，數據傳送亦越來越安全。常見的無線網絡有以下幾種，加密方式亦各有不同：

1.　**Open System（開放式系統）**：雖然這個連線方法是完全沒有使用任何加密技術，但在這裡還是要說明一下，因為我們在日常生活中的確會看到有 Open System 存在，而且在沒有其他選擇情況下，你可能仍然會連上去。緊記，連上 Open System 的 WiFi，風險是非常高的。

2. **WEP（Wired Equivalent Privacy，有線等效保密）：**
   這是最基本的加密技術，保護能力跟有線區域網絡大
   同小異。當 WiFi 網絡使用 WEP 加密技術時，WiFi 無
   線接入點（例如路由器（router）等）需先設定一組 64
   或 128 位（bits）長度的密鑰，所傳送的數據亦會利用
   這個密鑰進行加密。使用者亦需輸入這組密鑰才能連上
   該網絡。

3. **WPA（WiFi Protected Access，WiFi 網絡安全存取）：**
   WPA 協議是一種保護無線網絡安全的系統，它是從
   WEP 的基礎而產生的。由於 WEP 密鑰是固定的，而
   且算法強度亦不高，這個加密演算法較容易被破解。
   再加上在密鑰的傳遞過程中，密鑰本身容易被截獲，
   WPA 則解決了 WEP 這些缺陷問題。WPA 所使用的是
   TKIP 協議（Temporal Key Integrity Protocol，臨時金
   鑰完整性協定），主要改進就是在使用中可以動態改變
   密鑰，而且加密密鑰更長，這可防止 WEP「金鑰擷取
   攻擊」情況發生。

4. **WPA2（WiFi Protected Access 2）：** 這 是 WPA 的
   升級版，WPA2 所採用的演算法由公認徹底安全的
   CCMP（Counter Cipher Mode with Block Chaining
   Message Authentication Code Protocol，計數器模式密

碼塊鏈消息完整碼協議）訊息認證碼所取代，而且加密演算法也用上了較高階的 AES（Advanced Encryption Standard，高階加密標準）技術，所以相對較為安全。

5. **WPA-PSK/WPA2-PSK（Pre-Shared Key，預先共享鑰匙）**：這是 WPA 及 WPA2 兩種加密演算法的混合體，可以說是強強聯手。WPA-PSK 亦稱為 WPA-Personal（WPA 個人），是使用 TKIP 加密方法把無線裝置與路由器連起來；而 WPA2-PSK 則使用 AES 技術連線。就安全性來說，AES 較 TKIP 為上。

就上述提及的數種 WiFi 加密演算法，在可選擇的情況下，建議大家採用 WPA-PSK/WPA2-PSK 比較安全。但是在坊間還有不少共享 WiFi 只採用 WEP，甚至完全沒有加密，大家在連上 WiFi 時必須多加注意。想知道所連上的 WiFi 使用哪種加密法，一般在網絡連線中的網絡屬性版面便可找到該連線的安全性（加密）類型。

要連接到互聯網，很多時都需要先連上路由器，在學校、工作場所，甚至戶外地方，我們幾乎不能選擇採用哪種互聯網加密方法。但是在家中，相信你可以設置屬於自己的路由器。

路由器是家中必備的一個小型裝置，我們需要路由器的主要原因為網絡分享。路由器可以把網絡訊號分派給各個連上路由器的設備使用，它同時亦是個大門守衛，可過濾所有輸入及輸出的數據，確保有問題的數據不能輕易進入你的網絡，以及你的個人敏感資料不會給其他人輕易存取。路由器的作用不只是用來控制哪些裝置能連上你家的網絡，事實上所有連線中的裝置的安全亦要依賴它。如果其他人成功入侵了你的網絡，連線中的裝置亦有機會被影響及破壞。

　　要確保路由器做到以上提及的保安功能，保護連上網絡的各個裝置，正確及有效地設置路由器是必不可少。以下是一些路由器設置及建議做法，由於每個路由器都有不同進入設置版面的方法，實際執行情況以相關說明書為準。

- **加密功能**：WPA2-PSK（AES）為現時最建議採用的加密方式，切記不要選擇開放式系統設定。

- **訪客網絡（Guest Network）**：如家中網絡中存有敏感資料，建議別讓朋友連上同一個網絡。大部分路由器均支援「訪客網絡」，所有連到「訪客網絡」的設備都不會在家內網絡互通，就好像打開另一條通道讓朋友連

上 WiFi，而期間不能存取你於家中網絡的所有設備，達至保護效果。

- **連線密碼**：建議設定長且複雜的連線密碼，可參考前文提及的「強密碼」規則。

- **路由器管理員登入密碼與連線密碼**：別把兩組密碼設置為同一個樣式，避免知道連線密碼的朋友進入路由器管理版面更改設定。

- **韌體（firmware）更新**：韌體是硬件的基本驅動程式，擁有韌體的硬件，才能被其他裝置所辨認，及了解這個硬件的類型及作用。經常更新至最新版本韌體，確保所有已知保安漏洞獲得修正。

- **遠端存取**：遠端存取設定可讓你從外部網絡連到路由器更改設定，如無特別需求，建議把這個功能關閉以提高安全性。

- **無線網絡白名單**：每個可連上網絡的裝置都有一個獨一無二的識別碼，由 6 組十六進制數字組成的物理位置，稱 為 MAC 地 址（Media Access Control Address）。如果連上路由器的裝置不會經常變動，可以啟用無線 MAC 地址過濾器，然後將裝置的 MAC 地址加入列表

中，這樣便可限定只有在列表中的裝置才能連上路由器，在無線加密之外再增加一層保護。

除了以上提及的安全設定外，還有兩個經常被忽略的設定：

1. WPS（WiFi Protected Setup，WiFi 保護設定）

這是一項無線安全標準，讓裝置輕鬆連接至無線網絡。在傳統方式下，用家要把一個新的裝置連上網絡時，用家需要在新裝置手動設置網絡名稱（SSID，Service Set Identifier）及安全密鑰，經路由器驗證後才能連至網絡。所有支援 WPS 功能的無線產品，在機身設有一個功能鍵，稱為「WPS 按鈕」。用戶只需在路由器及新裝置輕輕按下該按鈕，不消一會便可完成無線加密設置，同時在新裝置和路由器之間建立一個安全的連線。

WPS 其實並不是一項新的安全功能，其目的是在現有安全技術基礎下令裝置更容易配置。對一般用家來說，這是一個非常方便的加密配對功能，不僅將具備 WPS 功能的裝置與路由器作快速配對，還會從中隨機產生一組 8 位字串作

為個人識別碼（PIN，Personal Identification Number）進行加密操作，免卻了用家在連線至 WiFi 時需要添加 SSID 及輸入網絡密碼的繁複過程。

雖然 WPS 技術用意良好，但同時也讓未經授權的裝置更容易連上你的網絡。因為在 WPS 加密中，PIN 是網絡間作為驗證的唯一參考，並不需要其他身份識別方式，所以像破解密碼一樣，可以利用暴力破解法將其破解。有報告指出，在實際破解測試中，平均只需試驗約 5,500 次（整體不多於 11,000 次）就能破解，而且一般在兩小時內可以完成。

所以建議大家停用 WPS 功能。要把裝置連至路由器，還是利用 WPA2-PSK 更為安全。

2. UPnP（Universal Plug and Play，通用隨插即用）

通用隨插即用（UPnP）是一套網絡通訊協定，使網絡裝置與路由器更容易連線，各裝置不經人手設定就能自動互相連接及溝通。UPnP 功能支援多種類別裝置，包括網絡印表機、智慧電視及網絡攝錄機裝置等。其目的跟 WPS 差不多。

UPnP 技術基於 TCP（Transmission Control Protocol，傳輸控制協議）／ IP（Internet Protocol，網際網絡協議）和針對裝置之間的通訊而制訂的網絡協議。它被稱為「通用」的原因是此技術不依賴於特定的裝置驅動程式，而是使用標準的協議。支援 UPnP 的裝置可以在內聯網（intranet）內自動配置對外網絡地址，宣布它們在某個網絡中存在，以及互相交換裝置和服務資料。

UPnP 並不是周邊裝置隨插即用模型的擴充套件，在設計上，它支援零設定、不需操作網絡連線過程及自動查詢眾多裝置供應商提供的型號。換言之，一個 UPnP 裝置能自動跟一個網絡連線，並自動獲得一個 IP 位址（Internet Protocol Address），再傳送出自己的資料並獲悉其他已經連線的裝置及其資料。最後，此裝置能自動順利地切斷網絡連線，並且不會引起各種問題。雖然看來非常方便，但是這個方便亦有兩大安全缺陷。

第一個缺陷為對緩沖區（buffer）的使用沒有進行檢查和限制。外部的攻擊者可以通過這裡取得整個系統的控制權。由於 UPnP 功能必須使用電腦的連線埠（port）來運作，取得控制權的攻擊者，還有可能利用這些連線埠作出一些針對性的攻擊。

第二個缺陷存在於 UPnP 運作時的「裝置發現」階段。如果某個具備 UPnP 功能的裝置成功連到網絡上，就會立刻向網絡發出「廣播」，這個廣播包括「M-SEARCH」及「NOTIFY」訊息指示。攻擊者可以在網絡中向某個裝置發出這些訊息指示，使目標裝置錯誤地回應，造成 UPnP 系統服務速度變慢，甚至停止。

　　跟 WPS 一樣，既然了解 UPnP 的已知缺陷，在未清楚掌握解決方法前，還是建議把 UPnP 功能關掉較為理想。

　　相信你已經學會如何設置路由器，令你的網絡更安全。但是在很多情況下，例如身處咖啡店、餐廳、機場等，由於它們都把免費 WiFi 視為服務的一部分，我們都習慣直接連上。因為透過電話卡上網，流量還是有限制的，連上免費 WiFi 便可放心觀看網絡影片或傳送大型檔案。然而，使用公共 WiFi 熱點所帶來的風險，比大部分互聯網用戶想像的要高很多。以下是駭客利用不安全公共 WiFi 熱點所進行的常見攻擊：

1. **雙面惡魔攻擊（Evil Twin Attack）**：由於每個 WiFi 熱點的 SSID 名稱可以由管理員任意命名，攻擊者可以創造一個假冒的 SSID 來吸引受害者連上該網絡。例

如，我們身處咖啡店 IT Café 時可能搜尋到「IT_Café_WiFi_Free」這個 SSID，有可能真的是由餐廳提供，而同時亦有可能是攻擊者偽造的 SSID。一旦我們不小心連上這個假冒的 WiFi 熱點，攻擊者便可監控一眾受害者的網絡活動。

2. **中間人攻擊（Man-in-the-middle Attack）**：它亦稱為「竊聽攻擊」，是指攻擊者透過公共 WiFi 的網絡連線從中進行攔截，在不被察覺的情況下竄改內容，甚至將連線直接導向他們指定的網站，從而竊取受害者的私人資料。

3. **網絡封包分析攻擊（Packet Sniffing Attack）**：如果說「中間人攻擊」屬於主動攻擊，「網絡封包分析攻擊」則為被動攻擊。當受害者連上假冒的 SSID 後，攻擊者可使用一些分析軟件來記錄及監控該 WiFi 熱點上的所有網絡封包，從中盜取受害者的機密資訊。

4. **惡意軟件注入**：攻擊者可利用不安全的連線，將惡意軟件注入受害者的裝置中。這些惡意軟件會破壞系統、佔用頻寬，並植入木馬程式以盜用受害者的資料。（關於木馬程式詳情，會在其後章節作詳細介紹。）

雖然看來好像很可怕，連上公共 WiFi 熱點很容易被盜取個人私隱資料，但是要保護自己免受以上攻擊，還是有方法的。時刻記著以下要點，好好保護自己的個人資料：

⚠ 停止及避免你的設備自動連上任何公共 WiFi 熱點。

⚠ 登出所有你沒有在使用的帳號。

⚠ 在可選擇的情況下，盡量揀選已加密的 WiFi 連線。

⚠ 在使用沒有加密的連線時，避免處理敏感資料（例如銀行帳號）。

⚠ 時刻保持防毒軟件為最更新的狀態。

⚠ 在處理重要事項時，採取 VPN（Virtual Private Network，虛擬私人網絡）連線。

⚠ 時常警惕懷疑偽造的 SSID，如有疑問，應與相關公司或機構確認真實性。

多一分小心，便可增添多一分保障。網路犯罪分子一直在尋找新的方法來盜取大眾的私人資料，我們必須時刻保

持警惕。希望各位對各種網絡攻擊及應對方法有進一步的了解，從而避免自己成為下一個受害者。

1.5 關注自己的網絡足跡

凡在沙上走過，定必留下腳印。在互聯網世界亦一樣，你連上過的網絡，你登入過的網站，你瀏覽過的網頁，甚至你的喜好都在網絡上留下蹤影。沙上的腳印，可以用沙子蓋掉；但網絡足跡，卻不能被輕易消除。網絡足跡的確為我們帶來很多方便，同時間我們亦要為這個方便付出代價，在大數據分析下無所遁形。（關於大數據分析詳情，會在其後章節作詳細介紹。）要在網絡上好好保護自己，來學會以下方法吧！

要了解別人，不如先了解自己

打開瀏覽器，例如輸入網址「www.google.com」，在搜尋欄輸入自己的名字，再按搜尋鍵，你看到些什麼？在各大網絡搜尋平台做同樣操作，仔細看看首兩頁的搜尋結果。有沒有驚喜？你可能會找到小學或中學的畢業生名單，而你是其中一員；你亦可能會找到你在某個討論區的留言及對答紀錄，甚至找到你在某個網購平台的消費紀錄等。好好看清楚自己的網絡足跡，哪些是正面的，哪些是負面

的，還有哪些涉及個人私隱不應被公開的。如有需要，可
嘗試聯絡相關網站營運商並要求把敏感資料從網站移除。

私隱設定要常檢查

　　在社交平台註冊帳號時，過程中一般都需要同意該平
台的條款及細則才可完成登記。而在條款及細則中，大部
分都包含私隱條款。為了節省時間，幾乎所有用家在創建
帳號時都沒有仔細閱讀當中內容就選擇同意該條款。還有
一點，在創建帳號後亦沒有留意及修改私隱設定，所有設
定都是預設的。這些社交平台積極鼓勵所有用家公開自己
的資訊，供所有其他用家閱覽並進行互動，所以這些預設
的設定都是非常「公開」的。每次發出新帖文時，大家需
要看清楚帖文會與哪些人分享，建議別把所有帖文設為「公
開」狀態，留意更改適合自己的私隱設定。

密碼是我們的終生伴侶

　　有什麼東西比你的家人更親密？個人密碼肯定是其中

之一。我們每天都不斷依賴著密碼作個人身份驗證，包括登入電腦及手機、進入各大社交平台、參與網絡遊戲，或進入屋苑範圍等。無論在哪個平台創建帳號，盡可能根據「強密碼」規則來設定密碼，別在各個平台共用同一組密碼，以及最好每 6 個月更改密碼一次確保安全。

更新軟件別偷懶

當軟件開發商發現系統問題（包括安全問題），都會推出更新包給用家下載及安裝。除了軟件系統問題外，網絡攻擊者一直尋找各個軟件漏洞，並針對這漏洞向用家作出攻擊。這些更新包含已知問題及安全漏洞修復，長期維持軟件（特別是防毒軟件）處於最新狀態，在互聯網暢遊必定較為安全。

使用手機應用程式時亦要留神

近年看到不少個人資料外洩的報道，手機所安裝的應用程式可能是其中一個問題源頭，而且真的有手機應用程式

被揭發進行點擊欺詐（click fraud）或向第三方出售使用者資料的真面目。可惜的是，我們無法從表面去判斷應用程式有沒有惡意動機，然而有兩點我們可以注意的：

1. 在手機操作系統上按自己想法設置好每個應用程式的設定，包括可用上手機哪些功能及存取哪些資料。

2. 當不再需要該應用程式時，直接把程式移除，免得程式更新後在你不知悉的情況下更改條款或手機資料存取權限而造成風險。

建立良好個人聲譽

　　由 Web 2.0 時代開始至今，越來越多互聯網使用者在網上發布各種資訊，包括文字、相片、聲音檔案及影片。這一切一切都包含個人資料，包括你的喜惡、立場、樣貌、身形、聲線、語調，甚至肢體動作等。別小看這些資料，如果有部分是負面資料的話，這就會是一段不能抹掉的網上黑歷史。下次發布帖文時，想一想這帖文是否正面，或會否為其他人帶來負面影響。因為這些帖文都是由你的帳

號發出，跟你的個人聲譽直接連上，無論在網絡上，還是在現實社會中，建立良好個人聲譽都是非常重要的。

　　網絡足跡可說是「雙面刃」，一方面為所有互聯網使用者帶來方便，而同時亦伴隨著個人私隱資料被盜取及誤用之風險。在可見的未來，隨著科技越來越成熟，互聯網使用者亦越來越多，在整個網絡上大家所留下的網絡足跡將會越廣。恐怕將來有一天，我們再管控不了自己的網絡足跡，又或者要犧牲網絡足跡的使用權才能換取方便。像英國名著《1984》所用的標語──「Big brother is watching you」（老大哥在看著你），有很多機構對互聯網使用者的個人資料正在虎視眈眈，好好注意自己的網絡足跡，並在使用互聯網服務時，思考這些難以抹去的痕跡到底會不會對我們產生影響。

Chapter 2 :

電腦病毒
原理及保護

2.1 惡意軟件及電腦病毒簡介

「我的電腦中了病毒，怎麼辦？」

人患上不同的病時，會出現不同的病徵，例如頭痛、發熱、怕冷、咳嗽等。我們會找醫生檢查及治療，如果病情輕微，過了三數天便能痊癒。假若電腦中了病毒，應該到哪裡找人作診斷呢？

有沒有想過你也可成為電腦醫生？要成為醫生，最少要讀上幾年書；但是要成為電腦醫生，這一章的內容必定幫得上忙。先了解惡意軟件及電腦病毒的定義及其特性，再針對個別項目作詳細分析及探討應對方法，相信你將來遇到類似情況，亦可自己動手作診斷，甚至修復系統。

惡意軟件的設計目的是在用戶不知情的情況下對電腦、伺服器、電腦網絡或基礎設施造成損害或破壞。網絡攻擊者因為各種原因而設計、使用及售賣惡意軟件，它們經常被用來盜取個人或商業的機密資訊。雖然攻擊者的動機各有不同，但他們都按要求及攻擊規模針對戰術、技術及攻擊力作不同程度的部署，並特別針對憑證及帳號存取權作

攻擊。惡意軟件有很多不同種類，當中包括電腦病毒。

第一個電腦病毒出現的原因，其實是一個學生的小發明。1983 年，一名美國學生曾在 Unix 系統中編寫了一個會令系統「當機」（又稱「hang 機」）的程式，可是未有獲得教授認同。那位學生為了證明自己的理論是對的，他把整個做法寫在論文中並將其發布，在當時產生了不小的震撼。病毒發作時所造成的破壞程度可大可小，其影響小至滋擾電腦的日常操作，大至破壞檔案及系統，所以電腦病毒的威脅實在不容忽視。

一般電腦病毒具有以下特性：

- **可執行性：** 與其他正常軟件一樣，電腦病毒是個可執行的程式。它可以是一個獨立完整的程式，亦可寄生在某個軟件上運作。

- **傳染性：** 電腦病毒可通過各種渠道（例如電郵或共享檔案）從已被感染的電腦擴散至其他設備。

- **潛伏性：** 現時有不少電腦病毒在電腦受感染時不會立即執行，先潛伏一段時間，到時機成熟便開始擴散及四處破壞。

- **可觸發性：**某些電腦病毒被預先設置一些觸發條件，被觸發後才開始進行破壞。常見觸發條件包括指定日期、時間或文件類型等。

- **針對性：**有些電腦病毒為針對指定操作系統或平台而設，例如 Windows 或 Android 手機操作平台等。

- **隱蔽性：**大部分電腦病毒的代碼非常短，方便潛伏在某個文件夾中，易於隱藏。

　　由下一篇開始，將為大家介紹常見的惡意軟件及電腦病毒，並附上中毒後的求生指南，協助大家展開成為電腦醫生的第一步。

2.2 特洛伊木馬程式 (Trojan Horse)

你有聽過木馬屠城記的故事嗎？

為了爭奪世上最漂亮的一位女子，希臘人揮軍進攻特洛伊城。因為特洛伊人的頑強抵抗，久久未能成功。於是，希臘人想了一個異想天開的計策，製作一個巨型木馬，並把大量士兵駐滿該木馬中，然後把這個木馬遺留在特洛伊城附近便假裝撤退。特洛伊人誤以為這是祭神的貢品及戰利品，於是把它拉進城內大肆慶祝。結果在特洛伊人熟睡之際，希臘人的內應發出暗號，叫士兵從木馬中爬出來，與城外的部隊聯手攻下了特洛伊城。

既然被稱為特洛伊木馬程式，當然跟以上故事有些相似：

▶ **準備一組士兵**——例如一個惡意程式或木馬程式。

▶ **創建一頭木馬並送進城內**——把木馬程式送到目標電腦的途徑，例如一個郵件附件或網絡連結。

▶ **在城內發出暗號放出士兵**——由於每個木馬程式都需要經觸發，所以大部分木馬程式都把自己偽裝成為一個令目標不會起疑心的程式（例如修改檔案名稱或更改圖示等）。一旦目標執行這個程式，就如同發出暗號一樣，把士兵放出來。

▶ **士兵出來在城內大肆破壞**——這是木馬程式的真正目的，走進目標電腦中進行破壞。當程式被執行後，木馬程式可盜取目標的帳戶密碼、在鍵盤上按過了哪些鍵，甚至遠端控制電腦或破壞檔案。

特洛伊木馬程式之攻擊力的確不容忽視，如果你的電腦在使用過程中遇到以下情況，有可能木馬程式已經在你的電腦上運行：

⚠ 電腦運行速度明顯下降

⚠ 使用中的視窗或軟件無故被關

⚠ 新視窗無故打開

⚠ 硬碟不停在運行及讀寫

⚠ 鼠標自行移動

⚠ 鍵盤無效

⚠ 網絡被佔用

⚠ 電腦經常無故重啟等

針對以上情況，歸納出以下數個檢測木馬程式的方法。

Netstat 指令

　　Netstat 是一個可以查詢電腦與外界網絡連線的指令，我們可以在 Windows 的命令提示字元（command prompt）中利用這個指令去查詢所有使用中的連線，從而看看有沒有不知名的連線正在生效（例如一些不明來歷的域名連線：TCP 888tiger-a03759:1876 host12.metakauf.de:9001 ESTABLISHED）。提提大家，這個指令可在 Windows、Mac 及 Linux 操作系統上使用，但是參數與用法則各有不同。以下用 Windows 環境作解說，常用參數包括：

netstat -a：顯示所有活動中的 TCP 連線及 TCP/UDP 正在聆聽（開放並等待被連接）的通訊埠資料。

netstat -e：顯示網絡的統計資訊，例如數據封包的發送和接收量等。

netstat -n：顯示活動中的 TCP 連線，與 -a 的分別為 -n 所顯示的 IP 位址及通訊埠編號沒有被編譯成為單位名稱。例如同一組資訊，會有以下不同顯示方法：

> **-a**：mydesktop:8888（mydesktop 為電腦名稱，8888 為通訊埠編號）

> **-n**：127.0.0.1:8888（127.0.0.1 為 IP 位址，8888 為通訊埠編號）

netstat -o：顯示活動中的 TCP 連線及每個連線程式的編號（Process ID，簡稱 PID），我們可以利用這個編號在 Windows 的工作管理員中找出所對應的程式並進行操作。

netstat -p：顯示指定連線的通訊協定，例如 TCP 或 UDP 連線等。

netstat -r：顯示 IP 路由表的內容。

netstat -s：顯示統計資訊，預設顯示 TCP、UDP、ICMP 及 IP 通訊協定。

netstat /?：顯示該指令的說明。

文件副檔名

當你看到電腦檔案的副檔名為 exe，先停一停，想一想，別直接打開。正常的檔案副檔名，都應以該檔案格式來命名，例如 Word 檔案名稱都是以 doc 或 docx 結尾，如果你看到這些檔案都變成了 .exe 格式的話，就很可能中了木馬程式。

CPU 及硬碟之使用度

開啟 Windows 的工作管理員，在效能版面中，可查看 CPU（Central Processing Unit，中央處理器）、記憶體、硬碟等之使用度。在沒有執行其他應用程式時，CPU 及硬

碟之負載應該是很低的。但是如果在檢查時發現 CPU 及硬碟錄得很高的使用度，你的電腦亦有可能已中了木馬程式。

電腦帳戶及操作

入侵者利用木馬程式入侵你的電腦，可以有很多不同想法或做法。其中一個常見操作是在受害者的電腦上複製一個帳戶，好讓當電腦上線時可時刻操作這台電腦。當帳戶擁有管理員權限時，入侵者便可為所欲為。時常留意在操作系統中有沒有不知名的帳戶，如發現的話建議立即把它刪除。

假若懷疑電腦遭植入木馬程式，可以安裝防毒軟件並進行一次徹底掃瞄，看看電腦內是否真的存在這類程式。若真的找到源頭，一般直接用防毒軟件把它移除便可。網絡上亦有一些專門針對掃瞄及移除木馬程式的防毒軟件，大家亦可試試。

最後，送大家一個小工具。

Virus Total 是一個由 Google 提供的免費線上檔案及網站掃毒服務。即使是最新出現的電腦病毒，Virus Total 幾乎都能掃瞄出來。有一點要注意，Virus Total 只有掃毒功能，並不能把病毒移除。如果需要解毒的話，還是要使用相關的防毒工具才可。

https://www.virustotal.com/

2.3 電腦蠕蟲（Worm）

　　大部分電腦病毒都需要使用者打開某個檔案或啟用某個程式才會被觸發，其中一個目的為感染在電腦內的其他檔案，亦有機會把存放在 USB 隨身碟或網絡伺服器上的檔案感染，繼而作進一步傳播。

　　電腦蠕蟲是電腦病毒的其中一種，對於這個名字，大家可能感到有點陌生，但是這與特洛伊木馬程式或其他電腦病毒相比，電腦蠕蟲並不需要附於其他程式中，只要利用系統漏洞就能進行自我複製及自動執行。若入侵者發現系統漏洞，而操作系統或應用程式的開發商沒有及時察覺，電腦蠕蟲就可經由網絡入侵你的電腦並感染其他檔案。由於我們不能藉著小心點擊來提防蠕蟲病毒，所以此病毒在自動執行時有機會造成損害。幸好，大多數蠕蟲病毒都未必會感染及破壞系統及相關檔案，所以就算中了蠕蟲病毒亦不用太擔心。但由於蠕蟲可大量繁殖並在網絡上傳播，感染了此病毒時，網絡頻寬一般都會嚴重地給佔用。

　　電腦蠕蟲的一般傳播過程如下：

Step 1 掃瞄：由蠕蟲之掃瞄功能模組負責探測存在漏洞的電腦。當程式向該電腦發送探測漏洞資訊並成功收到回應訊息後，便可確認一個可傳播對象。

Step 2 攻擊：攻擊模組針對目標對象及其漏洞進行攻擊，並取得該電腦的管理員權限。

Step 3 複製：複製模組透過原電腦與新目標電腦之溝通，把蠕蟲程式複製到新目標電腦並執行。蠕蟲亦會自我隱藏。

再分享多一點電腦蠕蟲的特性，好讓你能更清晰分辨出它與其他電腦病毒：

- **獨立性較強：**傳統電腦病毒一般都需要一個宿主程式，把病毒寄宿於某個程式中。當該程式被執行時，先執行寫入病毒的部分，繼而進行感染及破壞。正正因為電腦蠕蟲不需要宿主程式，可以自我獨立運作，因此避免受到宿主程式之牽制，可主動地發動攻擊。

- **漏洞是入口：** 由掃瞄功能模組作漏洞探測，不受宿主程式限制，能針對所找到的漏洞直接進行主動攻擊。

- **傳播較快較廣：** 蠕蟲病毒相比傳統電腦病毒具有更大之傳染性。它不僅感染一台電腦，而且會以該電腦為基礎，再向網絡中其他電腦及伺服器進行感染。蠕蟲可以透過各種傳播手段作病毒傳播，例如網絡中的共用資料夾、電子郵件、存在漏洞之伺服器等。

- **自我隱藏能力高：** 為了令蠕蟲之傳播更廣，蠕蟲病毒製作者對蠕蟲的自我隱藏能力有很高的要求。在日常查看電子郵件時，如果當中帶有病毒，電腦就會在用家不知情的情況下感染病毒。

要清除電腦蠕蟲其實不是很困難，最大的難處是要面對蠕蟲能自我複製及傳播這特質。因為當你把蠕蟲在一台電腦上清除後，可能還有其他電腦等著你去處理。一般防毒軟件已經可以掃瞄及清除大部分電腦蠕蟲。網上亦有些針對指定種類的電腦蠕蟲而開發的防毒軟件，所以一般清除電腦蠕蟲不會為你帶來很多煩惱。

2.4 廣告程式（Adware）

　　無論看電視、網上視頻或在社交平台觀看短片時，都會看到很多廣告。對免費用戶來說，大部分廣告都是被迫收看的，因為服務供應商需要收入來維持這些免費服務。當然，用戶可以選擇付費，從而減少甚至停止廣告自動在屏幕中彈出來。

　　這裡介紹的廣告程式，並不是指在電視台或是影片平台的那個後台軟件，但是目的跟廣告本身亦大同小異。廣告程式（adware）是指一個附帶廣告的電腦程式，以廣告作為收入來源的軟件。主要目的是為了提升某個（或數個）網站廣告之點擊率，從中獲取收入。

　　這些程式看似沒有攻擊性，但是這類軟件會自行強制安裝於你的電腦中，並且無法被卸載。除此之外，程式還會在後台收集用戶資料牟利，例如銀行帳號或信用卡資料，對用戶個人私隱構成一個嚴重危機。至於在操作系統方面，程式會讓廣告頻繁彈出，佔用系統資源，減慢運行速度。

有不少廣告程式都依附著瀏覽器，如果你發現瀏覽器時常出現以下情況，可能你的電腦已被安裝了廣告程式：

⚠ 瀏覽器畫面上不斷彈出廣告及新分頁

⚠ 瀏覽器首頁或搜尋引擎在你不知情的情況下不斷改變

⚠ 已停用的擴充功能或工具列自動恢復啟用

⚠ 瀏覽內容遭到綁架並重新導向至陌生網頁或廣告

⚠ 顯示發現病毒或電腦受到感染的警示

要防範受到廣告程式影響，切記以下三點：

1. 不要隨便安裝免費或共享軟件，這些軟件很有可能附帶廣告程式，並帶來安全風險。

2. 不要瀏覽不知名或不良網站，有些廣告程式會透過惡意網站安裝到你的電腦。

3. 採用主流及最新版本的瀏覽器，並注意系統及軟件更新，好讓已知的漏洞可以透過更新來修補或堵塞。

別以為只有電腦才會受到廣告程式騷擾，手機程式亦有機會被用作傳播媒體。在 2019 年 1 月，公司 Trend Micro 在 Google Play 商店中發現一個廣告程式假冒成 85 款手機程式並獲准上架。

其中一款令最多受害者「中伏」的手機程式名為「Easy Universal TV Remote」（簡易通用電視遙控器），這款手機程式聲稱可讓用戶利用智能手機遙控各款電視，當時曾被下載超過 500 萬次，非常受歡迎。有數名用戶抱怨這手機程式無效，只會要求用戶在 Google Play 商店上給予 5 星好評，程式當掉後就會在手機上消失。

這些手機程式看似來自不同開發商，但程式源代碼及行為操作都很相似。研究人員指出，這些廣告程式在用戶不知情的情況下會展示全熒幕廣告，待用戶關掉廣告後再出現「start」或「next」等按鍵要求用戶點擊。經過數次廣告顯示後，這些手機程式會突然在手機熒幕及主頁上消失。這並不代表該手機程式已被關閉，其實它是轉到背景中繼續運作，而且每隔一段短時間（例如 15 或 30 秒）就在熒幕上顯示全版廣告。

幸好，經公司 Trend Micro 舉報，Google 完成調查後，立即把這些手機程式從 Google Play 商店中下架。廣告程式真的不容忽視。

2.5 間諜軟件（Spyware）

當提起「間諜」一詞，你會聯想到什麼？

間諜是指潛入敵方勢力秘密收集情報或進行破壞活動的人，從而令派出間諜的一方獲利或取得優勢。既然名為間諜軟件，即是一個偷偷地在執行的程式。

間諜軟件是在未經用戶許可或不知情的情況下收集用戶個人資料，它收集的資料可以很廣，包括用戶日常網站瀏覽紀錄，以至一些個人敏感資料，例如用戶名稱及密碼等。間諜軟件亦屬於惡意軟件之一，用來入侵用戶的電腦，目標是在用戶沒有察覺到的情況下偷偷進行破壞。

以下為常見間諜軟件的類別：

- **間諜程式：** 盜取你的個人情報、電腦數據，以及網站瀏覽習慣等資料。

- **廣告程式：** 向你顯示不受歡迎的廣告，藉此追蹤你的網站瀏覽習慣，並將收集到的資訊回傳到入侵者的伺服器。

- **按鍵紀錄器：**又名鍵盤側錄程式，可以記錄你在鍵盤上所按下每一個鍵的資料，從而偷走你的密碼及其他敏感資料。

- **瀏覽器劫持者：**能重新設定你預設的瀏覽器首頁、搜尋器及搜尋結果。

- **遠端遙控特洛伊木馬程式：**入侵者能完全操控你的電腦，好像他們在操控你的鍵盤一樣。

- **瀏覽器輔助物件：**可以搜尋瀏覽器的所有網頁瀏覽紀錄，及以目標廣告取代原有的標題廣告，監視你在瀏覽器的活動和改變首頁設定。

除以上常見類別外，還有數十種間諜軟件會為我們日常瀏覽互聯網時帶來威脅。

在坊間有不少間諜軟件都會透過網上廣告去欺騙用戶，跟你說你的電腦出現嚴重問題必須立刻修復，或個人資料有機會外洩，建議立即進行檢查，並只需下載廣告中所顯示的軟件便可把問題解決。若用戶打算關掉廣告，軟件可能會作出恐嚇。

一旦你的電腦被間諜軟件入侵，它便開始監視你在互聯網上的一舉一動。有些間諜軟件還有一點智慧，當它知道用戶想採取一些對它不利的舉動時，它還會想辦法中止。例如，用戶知道電腦被間諜軟件入侵後，希望在搜尋器尋找反間諜軟件的資料時，它便會騎劫這個搜尋行為並在熒幕上顯示它的產品廣告。

　　間諜軟件的可怕之處，在於它們都在監控你在互聯網上的活動。它們可以經以下途徑入侵我們的電腦：

▶　**瀏覽網站**：間諜軟件可在日常瀏覽網站時被安裝。

▶　**點對點檔案交換（Peer to Peer，簡稱 P2P）**：用戶電腦可經互聯網上之檔案分享時被感染。

▶　**軟件安裝**：間諜軟件可能會包含於你所下載的軟件當中。

▶　**電子郵件**：開啟、執行或預覽電子郵件一直都是感染電腦病毒最常見的途徑之一。

要移除間諜軟件其實並不困難，熱門的數個防毒軟件都能把大部分間諜軟件掃瞄出來並進行處理或移除。以下跟大家分享數個提示，希望大家能成功預防被間諜軟件感染：

1. 調整瀏覽器的安全性設定至中或高，好好管制瀏覽器所接收及儲存的資訊種類。

2. 時刻開啟防火牆，降低被安裝間諜軟件之風險。

3. 把操作系統及瀏覽器更新至最新版本。

4. 只從信任的網站下載檔案。

5. 別隨便按下「我同意」或「確定」按鈕，可以的話，先嘗試按右上方（或左上方）的交叉（關閉）按鈕。

2.6 勒索軟件 (Ransomware)

先跟大家分享一個關於勒索軟件的真實案例。

一家工程公司的工程師每天都忙著繪圖出稿，有一天同事在瀏覽互聯網時，突然出現了一個小問題，其後亦因為這個小問題而帶來一個大麻煩。那天，有位工程師表示，在瀏覽網站時，旁邊會彈出廣告視窗，而且不止一次。

說到這裡，你可能會認為這是個廣告程式。

那位工程師有次不小心按到了彈出來的廣告。點擊網上廣告，是一件多麼平凡的事，可是過了數天，當他要開啟某個圖件檔案時，看到了一個奇怪訊息。

「檔案無法相容、無法開啟。」

就在同一時間，他的同事收到早前那位工程師所發的電郵，並嘗試打開電郵附件。豈料，系統告訴他的同事，這個檔案已被加密了。不僅檔案被加密，熒幕上突然又彈出

另一個視窗，上面顯示一個倒數計時器及一個金額。若要贖回這個檔案，必須在時限內繳交贖金。

這就是勒索軟件的可怕之處。

勒索軟件是一種電腦病毒，目標為控制用戶的電腦或加密資料，其後要求受害者繳交贖金，來把系統或檔案還原。勒索軟件通常會透過網路釣魚攻擊（稍後會解說）或點擊劫持（將惡意程式隱藏在看似正常的網頁中，並誘使使用者點擊並進入另一個購物網站）等方式散佈。病毒一旦被安裝在電腦中，用戶將無法存取其電腦系統或檔案。你的系統或資料成為了人質，要繳交贖金才可贖回來，這就是它被稱為「勒索軟件」之原因。

勒索軟件的主要問題是，即使用戶清除了這些惡意軟件也無法解決問題。雖說一款出色的防毒軟件應該可以把大部分病毒清除，但是檔案被惡意軟件加密後，的確只有解密這唯一可行方法。

除此之外，繳交贖金亦是另一個問題。首先我們可能沒有這麼多錢來當贖金，而且繳交贖金就好像縱容犯罪分子繼續進行非法活動，再者沒有人能保證繳交贖金後真的可

把問題解決。在網上很容易找到一些受害者之分享，說繳交贖金亦未能回復檔案。所以別相信犯罪分子，他們根本沒誠信可言。

要避免受到勒索軟件侵擾，安裝防毒軟件是基本配備。當然亦不要輕易打開不明來歷之電郵，及避免從可疑網站或非官方網站下載應用程式。除了這些基本操作外，還可以養成一個好習慣，讓你遠離勒索軟件的威脅，就是定期做好備份工作。如果你定期把系統及檔案備份到外置硬碟或雲端伺服器，就算被勒索軟件入侵，只需清除勒索軟件，然後再從備份中把系統還原或恢復檔案便可。

如果你現時沒有設定任何系統或檔案備份操作，立即動手做準備吧！

2.7 殭屍網絡（Botnet）

殭屍是中國民間傳說的一種復活死屍，它全身僵硬，指甲發黑兼鋒利，牙齒亦銳利。它常躲於黑暗地方，並靠吸食活人或動物血液來維持行動力。要停止它們的行動，其中一個方法是把符咒貼在它們的額頭上，便可令殭屍站著不動。

殭屍網絡一詞，當然跟殭屍亦有一點關係。殭屍網絡（Botnet），是「bot」跟「net」組合而成的。「bot」是「robot」（機械人）的簡稱，加上「net」（網絡）即是「機械人連成的網絡」。在殭屍網絡中，一方是被惡意軟件感染的設備（例如你的電腦、網絡攝影機，甚至家中所有連上互聯網的設備），另一方是負責操控的機構（或自動化機械人）。犯罪分子透過發布惡意軟件來建立殭屍網絡，他們一般都希望把這些受感染的設備組合起來，利用較強之運算能力來發動大規模網絡攻擊。

利用這些被操控設備的資源，犯罪分子可發動具破壞力的攻擊。攻擊可以有多厲害？例如發送以億計的垃圾電郵、通過巨型殭屍網絡伺服器強迫挖掘加密貨幣及癱瘓大型網

站等。攻擊力及影響實在令人不容忽視，下列為一些常見的殭屍網絡攻擊：

- **分散式阻斷服務（distributed denial-of-service，簡稱 DDoS）攻擊：**為了使某個互聯網服務超出負荷，攻擊者可利用殭屍網絡中的大量受感染裝置（殭屍裝置）通過向目標伺服器發送指令來發動攻擊，令伺服器超出可負擔水平而倒下來。

- **濫發電郵攻擊：**攻擊者將大量垃圾郵件無差別地發送至大量收件人。為了防止濫發電郵的發送者被列入黑名單，殭屍網絡可持續地改變發送者的電郵地址，好讓這攻勢能維持一段時間。這些電郵內容大多數為一些商業廣告，亦有些為身份偽冒的詐騙攻擊。

- **挖掘加密貨幣：**殭屍網絡中的殭屍裝置可為攻擊者提供電力、電腦運算能力及頻寬，攻擊者便可免費使用殭屍裝置來挖掘加密貨幣（例如比特幣（bitcoin）等之虛擬貨幣，屬於區塊鏈（blockchain）技術上的其中一種應用），從中獲取收入。

- **仿冒詐騙攻擊：**這類攻擊大部分透過電郵來發送詐騙連結。一旦受害者按下了這些連結，將會把受害者帶到一些虛假或惡意網站，並收集個人及其他敏感資料，例如銀行帳戶或信用卡資料等。

- **點擊欺詐：**攻擊者可控制殭屍裝置來進行點擊欺詐，利用殭屍裝置假冒成為正常裝置來瀏覽網頁，並點擊網頁內之連結（例如點擊付費線上廣告）來創造收入。

- **暴力攻擊：**暴力是指通過不斷的嘗試及錯誤中，希望把所有可組成你的密碼的組合試出來，從而強行登入你的帳戶。別使用弱密碼，設定高強度密碼是非常重要的。

如果你的裝置出現以下特徵，裝置有可能已被殭屍網絡感染而成為殭屍裝置：

⚠ 網絡連線變慢。

⚠ 裝置操作系統或應用程式常常無故終止執行。

⚠ 裝置經常出現異常情況，例如電池電量急跌或網絡連線中斷。

⚠ 裝置可用記憶體或磁碟空間突然減少。

⚠ 在未有使用網頁瀏覽器時突然彈出廣告。

⚠ 在不知情的情況下從你的電郵帳戶發送郵件等。

假若你的裝置被殭屍網絡感染成為殭屍裝置，先不用怕，因為應對殭屍網絡相比之前提及的惡意軟件較為簡單。

1. 必須切斷裝置與互聯網之連線，攻擊者便不能操控該裝置。

2. 使用防毒軟件掃瞄整個系統，以確認是否遭殭屍網絡感染。

3. 更新系統及應用程式至最新版本。

4. 要徹底一點清除殭屍網絡，可把裝置系統格式化，及重設為出廠設定。

　　無論是哪種情況，你應該都不希望見到你的裝置成為殭屍網絡的一部分。這不但會明顯減慢你的電腦及互聯網連線速度，而且有可能令你的個人敏感資訊被盜用。遵守以下法則可減低你的裝置受到殭屍網絡感染的機會：

☑ **經常更改裝置密碼：**不少坊間調查指出，大部分互聯網裝置仍在使用預設密碼及出廠設定。更改密碼是自我保護的第一步。

☑ **保持系統及軟件在最新狀態：**定期更新軟件，修復已發現的漏洞。

☑ **一直開啟並使用防火牆：**防火牆可監控互聯網連線有沒有異常流量，亦可阻止攻擊者連上同一網絡中的其他裝置。

☑ **設置獨立網絡：**如果路由器能支援的話，可以啟用訪客網絡。讓朋友連上訪客網絡，避免其他人跟你的裝置有

直接連繫，減低風險。

☑ **安全上網：**所謂「小心駛得萬年船」，瀏覽互聯網亦同樣，別輕易點擊網上連結，同時亦可啟用廣告攔截功能，提高日常上網的安全意識。

2.8 釣魚式攻擊（Phishing）

看到標題，可能你會感到疑惑，釣魚應該是「fishing」而不是「phishing」，對吧？

網絡釣魚（phishing）一詞，是「phone」和「fishing」的一個組合詞。由於攻擊者常以電話為攻擊途徑，所以他們創造了這個新詞語。有人說這個詞語始於 1987 年，亦有些說法為 1996 年。不論哪個說法才正確，這詞語都是由駭客（hacker）創造出來的。

網絡釣魚是一種在 1990 年代中期流行的攻擊方法。那時有一群年輕人利用當時著名的網絡服務供應商美國線上（America Online，簡稱 AOL）的聊天室功能來假冒 AOL 系統管理員，目的是希望可以永久免費使用 AOL 服務。為了達到目的，他們需要盜取一些信用卡資料。

成功假冒系統管理員後，他們告知其他使用者其帳戶出現問題，需提供信用卡資料作處理及跟進。這樣，那群年輕人便成功盜取了別人的信用卡資料，藉此令別人替他們付帳。這就是初期釣魚式攻擊之行為模式。

大多數網絡釣魚之攻擊都是由駭客透過偽裝或假冒真實的網頁，從而騙取受害者的信任，並希望從中盜取受害者的個人資料、帳號密碼及其他敏感資料等。受害者可能會收到朋友發過來的電郵或網址，正正因為是由相熟朋友發過來的，所以放下戒心，輕易地點擊並進入那些網站。當受害者進入了那些釣魚網站後，平台會要求使用者輸入個人帳號密碼這些敏感資料，駭客便可利用這些資料作不法用途。

　　網絡釣魚常用技術及方法為以下四類：

1. **假冒網址**：主要針對釣魚網站的網址進行小幅度修改，例如把數字 1 改為英文字母 l、把數字 0 改為英文字母 O 等，讓網址看起來容易被誤以為是真實網站的網址。以 www.google.com 為例，駭客可把網址改為 www.go0gle.com 或 www.g00gle.com，使人難以辨別出網址是真是假。

2. **偽造網頁**：釣魚網站的版面設計、顏色及圖案，一般都跟原本的網站非常相似。所以當受害者點擊連結並進入該網站後，誤以為到訪的是真實的網站。一旦在那裡輸入帳號名稱及密碼，這些敏感資料便會被駭客盜取。

3. **電話網釣：**雖說網絡釣魚活動大部分都利用互聯網並在電腦上進行，但是亦有些騙徒透過致電受害者，把自己偽裝成政府部門或某家銀行的員工，並告知其帳戶出現問題，需盡快到某個網址更新資料，甚至在傾談過程中直接由受害者口中獲取資訊。

4. **免費 WiFi 熱點網釣：**無論何時何地，隨處都可找到免費 WiFi 熱點，不少商場、餐廳甚至交通工具都會向顧客提供免費 WiFi 以作招徠。駭客建立一些相近的 WiFi 熱點名稱，假冒成為真實的 WiFi 熱點。一旦受害者連上這些 WiFi 網絡，其後所瀏覽的網頁、輸入的資訊等的重要資料傳輸都被駭客攔截下來，然後從中盜取相關訊息。

雖然看來很容易誤墮騙徒圈套，但是若在日常生活使用互聯網時提高警覺，還是可以避開這些陷阱。

☑ **時常注意連結之網域名稱：**我們很容易誤會或把這些網址當作為同一網址，例如 www.helloworld.com、www.he11owor1d.com 或 www.he110w0r1d.com 等。由於這些網址看來極為相似，容易產生混淆，建議把常用的網

站存到瀏覽器「我的最愛」中，可以減少遇上釣魚網站的風險。

☑ **別亂點擊來歷不明之連結**：每當檢查郵件時，很多時都會收到一些由不認識的寄件者發過來的電郵。標題或電郵內容通常會用上吸引你點擊的詞語，例如「免費」、「中獎」、「特價」、「贈品」等，別因好奇心或貪小便宜而隨意點擊這些連結。即使只是點擊或閱讀了那電郵，其實亦有安全風險。一旦以 HTML 格式開啟該電郵，便有可能中毒（即使沒有開啟病毒檔案，HTML檔都能自動開始執行）。你可選擇以「純文字」讀取電郵；或在坊間常用電郵軟件中，於「電子郵件安全性」那部分更改設定。

☑ **仔細觀察網站**：那些你常到訪網站的設計、排位，顏色等，相信你會有所記憶。當進入這些網站時，多留意及觀察網站狀況，看看是否有些地方與你記憶中的有分別。時刻提高警覺，留心有否進入了釣魚網站。

☑ **在瀏覽器檢閱網站的安全鎖標誌**：有否注意在瀏覽器網址欄位的左面有一個安全鎖標誌？有時關上，有時打開。看到安全鎖關上時，代表該網站正在使用 HTTPS加密連線；如果安全鎖打開時，則使用一般 HTTP 連

線，安全性較低。要注意在互聯網上有一半左右的釣魚網站也用上 HTTPS 連線，即是一樣會有安全鎖標誌，但不代表一定安全，仍會有感染其他病毒風險，所以瀏覽網站時真的不能鬆懈。

☑ **定期更新瀏覽器：**現時主流瀏覽器內建有黑名單功能，當使用者連上疑似釣魚網站時，瀏覽器會作出警告，並再次確認是否要進行是次連線。

在 2019 年，Google 母公司 Alphabet 開發了一個免費

網絡釣魚測驗，提供一些問題來測試用戶發現網絡釣魚詐騙的能力，大家有興趣的話可以去試試看。

https://phishingquiz.withgoogle.com/

2.9 後門程式（Backdoor）

有些商店除了店舖正門外，在後方還設有一個後門，主要作送貨用途，或作為一個緊急出口。為什麼要在後門送貨？當然是希望過程中不影響商店運作，特別是顧客之體驗。所以，在後門所發生的事，顧客一概不知曉。

後門程式的操作方法亦是相類近，它的起源有兩種，一種是遠端遙控管理程式，而另一種為惡意軟件。前者大部分都是用戶主導，即是用戶在知悉的情況下被動甚至主動打開後門作遠端管理；而後者則為以不懷好意的心態或不正當用途來開啟及使用後門，這就成為了後門程式。

一旦裝置被安裝後門程式，遠端遙控者可利用預先設置的通訊埠（port）來控制受害者的裝置。有些後門程式甚至會透過電子郵件或其他方式來散佈受害者的 IP 位址，以避免受害者裝置的 IP 位址有動態改變而連不上該裝置。

大多數後門程式都是透過病毒感染作為散播途徑，例如點擊電郵中的連結，或在安裝免費軟件時一併把後門程式也安裝。特別要注意，如果你曾把裝置給別人檢查及維修，

有些不懷好意的人會偷偷地在你的裝置上裝上後門程式。
當然對方可能只是出於好奇或滿足一己私欲（例如遙距關
注你的最新照片），並不會確切地盜取你的資料，但是亦
不應掉以輕心。

在坊間可以找到很多後門程式的分類方法，以下為循技
術方面作出的四個主要分類：

- **網頁後門**：利用網站的服務（web service）來建立自己
  的連線方法。

- **執行緒插入（thread insert）後門**：利用系統自身的某
  個服務或者執行緒（是指操作系統能進行運算排程的最
  小單位），將後門程式插入到其中。

- **客戶／服務端（client/server）後門**：跟傳統木馬程式
  類近的控制手法，採用「客戶端／服務端」的控制方
  式，通過後門程式所指定的方法來打開後門進入並控制
  裝置。

- **擴展後門**：把後門「擴展」是指增強後門程式的功能，
  相比單一後門程式有更強的使用性，好比一個小型工具
  包，能在同一軟件中實現多重功能。

要了解你的裝置有沒有被安裝後門程式其實並不容易，因為你不會經常查看每個使用裝置與哪些伺服器進行數據傳送。現時有不少後門程式已被防毒軟件定義為病毒並自動進行相關處理，所以安裝防毒軟件及保持病毒名單在最新狀態，相信是一個有效的修復方法。另一方法為使用前文提及的「netstat」指令，由於後門程式通常會使用某些通訊埠，你可以自行檢查看看有哪些通訊埠正在使用中。

2.10 電腦病毒大事回顧

　　介紹了八種電腦病毒後，相信你已經對它們有多一點了解，甚至知道如何動手檢查及修復系統。隨著時代進步，我們越來越容易接觸到編程方面的知識。特別是近年 STEM（指 Science 科學、Technology 技術、Engineering 工程及 Mathematics 數學）教育熱潮席捲全球，編程教育被喻為 21 世紀必備技能之一，很多學生在中小學時期已開展編寫之旅。由於編程技術越來越普及，而電腦病毒都是軟件程式主導，要開發一個電腦病毒的門檻比以前為低，因此電腦病毒數量在最近 20 年迅速增長。

　　在一般情況下，假若某程式符合下列兩項或以上特性，即可被界定為電腦病毒：

- **傳播性**：可透過電子郵件或網頁瀏覽等方式傳播。

- **隱密性**：體積細小，能依附在其他程式中。

- **潛伏性**：可在指定時間執行。

- **感染性**：可自我複製，感染其他電腦或檔案。

- **破壞性**：破壞電腦系統或資料。

- **觸發性**：透過指定條件而觸發病毒自我執行。

- **表現性**：阻礙電腦正常運作。

在過去二十多年，互聯網世界中出現過不少重大網絡事件，這裡跟大家分享一下與電腦病毒相關的大事吧！

CIH

由台灣一名大學生開發，病毒以其英文名字拼音之縮寫命名。它被認為是最有害及傳播最廣泛的病毒之一。於1998年首次出現，迅速擴散至全球。電腦被病毒感染後，硬碟資料均被垃圾資料覆蓋，BIOS（Basic Input/Output System，基本輸入輸出系統）均被重寫或破壞，令用戶無法啟動電腦，需要更換晶片或底板，攻擊力極強。

ILOVEYOU

在 2000 年出現，透過電子郵件傳播，在電郵標題寫上「ILOVEYOU」，附件檔案名為「LOVE-LETTER-FOR-YOU」，令用戶警覺性降低。病毒由亞洲開始，其後蔓延至歐美等地。病毒會讀取電腦內 Microsoft Outlook 的聯絡人，再把同一個電郵發送給這些聯絡人，從而破壞電郵系統及伺服器。

SoBig

SoBig 病毒，被稱為史上傳播最迅速的病毒，在 2003 年短短數天內極速感染全球數千萬台電腦。除了傳播速度驚人外，SoBig 亦是個破壞力非常高的電腦病毒。它有數個變種型態（包括 SoBig.A、SoBig.B、SoBig.C 等），而 SoBig.F 為當中傳播力最強。它在當年發出最大量帶病毒之電郵，全球約三分之二的垃圾郵件均附有 SoBig 病毒。

MyDoom

　　一個源自俄羅斯的電腦病毒，在 2004 年開始被發現攻擊 Windows 操作系統。MyDoom 是一種經由電郵傳播的電腦蠕蟲，電腦被感染後會開啟記事本程式並寫滿一堆文字符號，再以各種電郵標題、內容及附件大量複製並發送出去。在病毒感染高峰期，每 12 封電郵便有一封被此病毒感染，從而拖慢甚至癱瘓全球網絡。

MSN

　　在 2008 年，MSN 為當時其中一個流行的即時通訊軟件。除了作通訊用途外，用戶亦可發送檔案附件。不法分子利用 MSN 軟件向聯絡人名單自動傳送以「localpics.info」、「MSN.info」或「Photo.zip」為名的附件，或是包含接收者的用戶名稱之網址連結。用戶一不小心開啟了這些附件或連結，電腦便被種下木馬病毒，亦成為殭屍網絡的一部分。

WannaCry

一個源於美國國家安全局洩漏的後門程式,其後被改造成為勒索軟件。WannaCry 在 2017 年開始展開攻勢,超過 150 個國家的電腦受到感染。電腦被病毒感染後會彈出一個紅色視窗,並將電腦內之文件進行加密,用戶需在限時內付款才可為文件解密。

疫情下增加了大家在家上課或工作的機會,透過即時通訊軟件或電郵溝通越來越頻繁,新興的通訊軟件 Discord 及協作平台 Slack 亦不能倖免。不法分子不僅利用協作平台來傳送惡意程式,還把這途徑作為公事用途從中盜取公司機密資料。有報道指出,Discord 曾被用來散播勒索軟件,而最近則發現越來越多木馬程式及資訊竊取軟件出現。最令人驚訝的是,Discord 在某個組群中,曾出現 2 萬個惡意程式樣本。

儘管電腦病毒有多危險,或破壞力有多強,在某些情況下仍會令人愛上。數年前一名現代網路藝術家「Guo O Dong」在網絡上拍賣一台 2008 年生產的三星筆記本電腦,拍賣標價高達一百多萬美元。高價之原因為該電腦安裝了

6 款全球最惡毒之惡意程式，包括 ILOVEYOU、SoBig、MyDoom、WannaCry 等，亦把它當成一個藝術品，稱為《混亂的持續存在》（*The Persistence of Chaos*, 2019）。世上真是無奇不有！

2.11 黑客（Hacker）與
駭客（Cracker）

　　黑客一詞源自「hacker」，原本是指那些醉心於電腦技術並擁有高超水平的專家，而這些專家群組大部分都是程式開發人員。在第一代微型電腦誕生之時，那群編程專家及網絡高手創建了一個可共享的文化社群，「hacker」這名詞就是當時其中一位成員建立的。他們由設置及經營網絡，直至令全球資訊經網絡互通，這都靠黑客參與其中並作出貢獻。

　　你可能會問：「黑客不是到處搞破壞的嗎？」真正的黑客會把那些惡意對電腦或伺服器作出破壞的人叫做「駭客」（cracker），而且並不認為跟他們屬於同一群組。黑客們通常覺得駭客們都是懶散的一群，不太聰明及沒有責任心。會破壞網絡安全的人不一定是一名黑客，可是坊間經常把兩者混為一談，令黑客感到十分懊惱。

　　簡單來說，黑客搞建設，駭客搞破壞。

雖然說駭客會到處入侵系統或竊取資料，大部分情況下都是犯法行為，但是在資訊科技及網絡安全世界中，駭客與駭客之間是有所區別的。現跟大家介紹最常見的四種駭客。

白帽駭客（White Hat Hacker）

白帽可能會帶給你一個正氣一點的印象，這些駭客將他們的知識用在可接受或合法的目的。用另一個角度來看，他們都是電腦安全專家，透過入侵電腦系統或伺服器，尋找及評估安全漏洞，並提供改善建議。他們有時會被公司僱用來提升系統安全，亦會以個人身份尋找系統漏洞來賺取獎金，兩者都是合法行為，因為都是獲得目標機構同意才入侵系統。

黑帽駭客（Black Hat Hacker）

黑帽讓人感覺神秘，甚至乎有點邪惡感。由黑帽駭客發出的攻擊，出發點都是惡意的。他們主要從事各種非法活動，包括盜取個人資料及金錢、散播各類型惡意軟件及電

腦病毒、破解軟件版權作非法使用及追蹤目標的網絡足跡等。除了直接入侵系統外，黑帽駭客還會利用網絡釣魚或交友詐騙等方法使目標電腦或伺服器感染病毒。

灰帽駭客（Grey Hat Hacker）

灰帽駭客之行為則介乎於白帽駭客和黑帽駭客之間，可謂亦正亦邪。這群專家的技術能力一般超越白帽駭客及黑帽駭客，他們多數是因為用戶注意到某些漏洞而從中進行攻擊，而目的並不是為了提升系統安全性。雖說這些都是不道德之行為，但他們都不會參與犯罪活動。如果從事犯法行為，則變成黑帽駭客了。

激進駭客（Hacktivist）

近年，有一群新的駭客出現，名為激進駭客，又稱為紅帽駭客。他們進行駭客攻擊之目的並不是為了金錢或個人利益，而是表達政治訴求、社會或宗教訊息。而且還可能因為各種原因而向外界披露機密資訊。他們的行為通常是

一個持續過程，而不是一次性事件，亦有可能成為大規模活動之其中一部分。廣為大眾認識的激進駭客包括維基解密（WikiLeaks）和匿名者行動（Anonymous）。

雖說黑客及駭客整體給予大眾一個負面印象，但亦有駭客從入侵他人網站一步一步成為大企業之資訊安全總監。陳浩維，現時 35 歲，台灣人，在 2021 年開始擔任美國亞馬遜公司（Amazon.com, Inc.）資訊安全部門總監，也是日本亞馬遜的資訊安全負責人。

在他 20 歲那年發現了一個非謀利組織網站之漏洞並主動提醒對方，結果後來該網站真的被駭客入侵，對方懷疑是陳浩維所為而報警處理。當時曾被台灣刑事局科技犯罪防制中心逮捕，調查後才還他清白。那時陳浩維在駭客圈小有名氣，還有自己的駭客代號。其後，經過不斷努力，他在輔仁大學畢業後，到美國卡內基梅隆大學攻讀資訊工程碩士。畢業後，在同學推薦下，入職亞馬遜資訊安全部門，成為該部門第一位台灣人。

「亞馬遜全球安全漏洞研究計劃」是他一個非常成功的項目，他說服公司高層與外部白帽駭客合作，借助駭客的攻擊思維，找出應用程式與產品被遺漏的弱點，從而強化

防禦能力，並有效減少投入資訊安全的成本。

這真人真事，看來很吸引吧？你會否對成為一名黑客感興趣？快來看看你是否有潛質成為一名黑客吧。

☑ **抱持好奇心**：強烈好奇心會令黑客對新事情感興趣，特別是新出現的電腦技術，期望了解箇中奧秘。

☑ **具備獨立思考能力**：當遇到一些非常複雜的難題時，黑客需獨立地進行思考，找出最簡單的解決方法。

☑ **不依附權威**：黑客常用懷疑眼光去看待問題，不輕易相信某個觀點或理論。黑客反對權威，甚至挑戰權威，抱著這個心態找出系統漏洞。

☑ **崇尚資源共享**：黑客崇尚自由，共享資源，會把自己編寫的程式放到網上給其他人免費下載使用，並參考用戶反饋之意見去提升軟件質素。

☑ **持續性學習**：電腦科技日新月異，黑客需不斷學習新技術，用最短的時間掌握該技術，並應用於軟件開發過程。

已經掌握基本概念及編程技巧，希望一展身手？去參與 CTF Challenge（Capture The Flag Challenge，奪旗挑戰賽）吧！

CTF Challenge 是個電腦資訊安全攻防戰比賽，採用奪旗概念，每位參賽者都有一個必須要保護的伺服器。在這個伺服器中執行的各種服務，充滿了各式各樣的漏洞。參賽者必須具備分析系統漏洞的能力，利用該漏洞編寫攻擊程式，對其他隊伍的伺服器發動攻擊。在攻擊的過程中，如果攻擊成功，可以從目標隊伍中取得一個象徵該隊的旗幟（Flag），上傳到主辦機構的伺服器後，就可以確認該次攻擊成功得分。

香港地區的參賽者可參考以下網址：

https://ctf.hkcert.org/

Chapter 3 :

人工智能及
大數據時代的
好與壞

3.1 大數據時代

　　根據 IDC（International Data Corporation，國際數據資訊有限公司）在 2018 年 11 月發表的《數據時代 2025》研究報告顯示，全球每年所產生的數據量將從 2018 年的 33ZB 增長至 2025 年的 175ZB，每天約產生 491EB 的數據。

　　ZB 及 EB 是指多少的數據量？以下列出由小至大的數據單位給大家參考：

1B（Byte，字節）＝ 8b（bit，位）

1KB（Kilobyte，千字節）＝ 1,024B

1MB（Megabyte，兆字節）＝ 1,024KB

1GB（Gigabyte，千兆字節或吉字節）＝ 1,024MB

1TB（Terabyte，萬億字節或太字節）＝ 1,024GB

1PB（Petabyte，千萬億字節或拍字節）＝ 1,024TB

1EB（Exabyte，百億億字節或艾字節）＝ 1,024PB

1ZB（Zettabyte，十萬億億字節或澤字節）＝ 1,024EB

1YB（Yottabyte，一億億億字節或堯字節）＝ 1,024ZB

　　對 1EB 完全沒有概念嗎？讓我們以影片做例子。一段一分鐘、1080p、30fps 的影片，檔案大小約 1GB。十億段一分鐘影片約等於 0.93EB。換言之，假若在 2025 年全球每天真的產生 491EB 的數據，這比十億段一分鐘影片的檔案大小總和還要多很多。真的很誇張，對吧？

　　IDC 還預測，在 2025 年，全世界的互聯網使用者每天平均有超過 4,900 次的數據互動，包括刊登一個 Facebook 帖子、上載一段 YouTube 影片、發送一封電郵、在討論區留下一條回應，甚至只是在社交平台的一個「讚好」，這些行為都屬於數據互動之列。如果把這個數字跟 2015 年的調查結果相比，在 2025 年互聯網使用者每天的數據互動將為 2015 年的 8 倍以上，大約每 18 秒便發生一次數據互動。

　　網上一直流傳一個網絡諺語：「Google knows everything！」（Google 知道所有事情！）在互聯網上尋找資訊，比起到圖書館找參考書方便得多。利用搜尋引擎去尋找日常生活解決方案已經成為我們生活一部分，無論大

事小事，遇到問題都會第一時間到網上逛逛。隨著智能手機及移動網絡越來越普及，我們能隨時隨地在網上尋找資訊，而在同一時間，亦在互聯網產生搜尋數據。

　　Smart Insight 在 2019 年估計，全球每天有 50 億次網絡搜尋，而其中 35 億次是利用 Google 搜尋引擎，約佔全球的 70%，相當於每秒處理逾 4 萬次搜尋。相比 2000 年，Google 那時一年的總搜尋次數只有 140 億次。如果想了解本日 Google 的全球總搜尋量，可瀏覽以下網頁：

https://www.internetlivestats.com/google-search-statistics/

　　數字上升速度非常快，因為全世界每一刻都有人在使用 Google 搜尋引擎。

　　Facebook 早前亦向外公布一些統計數字，整個 Facebook 平台每天產生超過 4PB 數據，內裡包含超過

100 億個帖子、3.5 億張照片及 1 億小時的影片。而在 Instagram 平台上發現，全球用戶每天會分享約 1 億張照片及影片。Twitter 亦表示用戶每天共發超過 5 億條訊息。

　　相信你亦同意我們正身處大數據時代，我們每一刻都在產生各種互聯網數據，而且數據量比你所想還要多。雖然以上分享的都是全球性數字，你或許會認為我們日常生活產生的數據量微不足道，但是如果這些平台及服務供應商從你每日所產生的微小數據中作出分析，繼而向你作出比你自己更了解你的推薦和選擇，你會否對此小事另眼相看？

3.2 大數據其實是什麼？

要知道為什麼各大網絡平台好像都很了解我們所想所求，必先認識什麼是大數據及其分析方法。

大數據（Big Data）由巨型數據群組成，這數據量遠遠超出人類能力可處理、消化及分析之水平。例如，Facebook 公布在 2021 年第二季度，每月總活躍用戶量為 29 億。假若要你分析這 29 億人的網上行為，如果不利用電腦協助，相信不能做到。每次談及大數據時，總會有人提問，究竟數據有多大才稱得上為「大數據」？其實它有以下四個特徵：

1. **容量（Volume）**

   說到大數據，當然與龐大數據量有關，這與數據群的可用性及價值息息相關。由一個文字訊息、一段影片，以至整個社交平台所有用戶的網絡足跡，組合起來便成為一個大數據群，數據量非常驚人。要用哪個數據單位來形容每天所產生的數據，會是由 PB（Petabyte，1PB 相等於 1024TB）開始較為合適。

2. **多樣性（Variety）**

大數據多樣性是指數據產生時以不同形態出現。在互聯網發展初期，大部分數據都以文字作為數據常用形態，因為文字簡單直接，清晰易明，最重要是容量極小，方便傳送。隨著科技進步，除了基本電子表格及數據庫外，照片、影片，甚至各式各樣的檔案形態（例如PDF）都在日常生活中出現，而且亦被納入為數據分析的原材料。這些多向非統一的數據，為大數據分析帶來不少挑戰。

3. **速度（Velocity）**

每時每刻都有大量新數據產生並進入互聯網世界，每天的可用數據也比前一天為多，而同時亦要應付這種數據高速湧入情況，包括數據儲存及分析速度。數據儲存空間需求每天遞增，互聯網服務供應商均為這個需求而持續增加數據儲存空間。數據分析方面亦要進行分流，有些分析只需要每星期，甚至每個月才進行一次，而另一些分析則需要提供即時結果才有價值。

4. **準確性（Veracity）**

由於所收集的數據量非常多，而且以各種形態出現，在進行數據分析前，需要確認所收到的數據為高質量、準確及可信。高準確性的數據才有價值，所謂「garbage in, garbage out」（垃圾進，垃圾出），如果利用不準確的數據進行分析，結果就完全沒有任何意義。

大數據除了以上四個特徵外，還有以下三個種類：

1. **結構化數據（Structured data）**

如果要求你替學校某一班準備一個學生名單，你會如何處理？估計你會用表格形式來儲存資料，並在表格上設定各個欄位（例如學生編號、名字、性別、出生日期、年級等）。這就是結構化數據，每個欄位有既定格式，消化數據方法直截了當。

2. **非結構化數據（Unstructured data）**

所有以不同形態或結構存在的數據均為非結構化數據，常見例子為文字、圖片及影片這類不同結構的檔案的數據來源。根據 IDC 一項調查報告指出，商業社會中有

80% 數據為非結構化數據，而這些數據更會每年增長60%。

3. **半結構化數據（Semi-structured data）**

    半結構化數據則同時包含以上兩種形式，當中的檔案可能包含數字資訊，但要提取資料並不容易。

大數據如何影響我們的日常生活？看看這些例子便會明白大數據對我們的生活有多重要：

交通

* 乘坐交通工具時，我們可以打開手機應用程式查看下個班次什麼時候到達，好讓我們安排時間趕上這班車。因為交通工具營運商每刻都在收集交通工具數據（包括位置及行車情況），收集這些數據並進行整理後，把它們放到應用程式後台數據庫讓用戶查詢實時情況。

* 在乘搭鐵路時，月台等候處除了看到該路線及方向外，還可以看到車廂內的擠擁度。因為某些車廂內裝上了感

應器，對內裡人數進行估算，然後便可建議乘客到較為少人的車廂前等候上車。

- 有沒有留意近年在全球興起自動駕駛熱潮？以 Tesla 為例，在 2020 年 4 月宣稱其自動駕駛數據已累計超過約 48.2 億公里。各汽車製造商一直在產生及收集數據，令自動駕駛系統變得更安全。

醫療

- 病人患上癌症是一件不幸的事情，如果利用大數據把所有癌症病患者之治療過程數據收集起來進行分類，再按癌症期數、擴散情況及用藥成效加以分析，提供多點資訊給醫生參考，相信能有效協助病患康復或提升存活率。

- 你知道口水也跟大數據相關嗎？美國一家公司 23andMe 的研究人員數年前聯絡超過 100 萬人，請他們向試管吐一吐口水並寄到公司化驗所，從而收集基因數據，除了讓當事人詳細了解自己的基因，亦可作遺傳學研究用途，找出遺傳和環境對疾病之間的複雜關係。

- 醫療大數據不單止應用在某一個疾病或醫學研究上，它對各地政府管理及制定措施也有其貢獻。例如掌握市民健康狀況並進行趨勢分析，有助決定未來是否有需要多興建醫院或制定社區保健政策。在疫情期間，亦可進行疾病監控，有助控制疫情在社區擴散。

金融

- 風險管理對金融從業人員來說是一個非常重視的課題。在大數據時代，可作全面性的數據分析，預測交易對象未來違約的可能性，以達到有效的風險管控。

- 保險行業亦利用醫療大數據來協助制定每位客戶之保險計劃，保險公司可根據客戶的生活、醫療習慣等數據設計「浮動保額」機制。例如糖尿病患者空腹血糖若達到標準值，保險額度便增加 100 元。

- 大數據分析亦可應用在投資決策領域上。由於市場資訊太多，從中找出有價值資料實在不容易。投資者可從分析中獲得宏觀及行業風向指標等資料，在作投資決策時領先一步。

體育

- 德國足球隊在 2014 年的世界盃中，曾利用大數據系統來分析球隊訓練、備戰和比賽情況，從而提升球員和球隊的成績，最終在準決賽戰勝巴西隊。

- 在各類運動訓練時，教練及運動員亦開始應用大數據分析技術。透過佩戴不同裝置及感應器，在訓練時收集數據（包括姿勢、角度、耐力等），透過大數據分析來找出各種改善建議，以提升運動員表現。

大數據分析看來很厲害，但是如果只有大數據而沒有合適的分析方法，效果亦不夠理想。接下來會告訴大家如何令大數據分析如虎添翼，人工智能是時候出場。

3.3 人工智能的角色

在廣大科技研究人員的持續努力下，人工智能技術每年都有新突破。在未來數十年後的某一天，我們需要作一個判斷時，究竟在熒幕另一邊跟你對答的，會是真實人類還是個機械人？

艾倫圖靈（Alan Turing）是一位英國數學家及邏輯學家，亦被視為電腦科學之父。他在 1950 年發表一篇名為〈計算機械和智能〉（Computing Machinery and Intelligence）的論文中，談及判斷機器是否具有人工智能的一套方法——「圖靈測試」。

這測試很簡單，提問者預先準備一連串問題，然後對不同房間中的人或機器進行提問。提問者需根據答案來判斷房間的答題者是否人類，藉此測試機器是否擁有能與人類正常交流的能力。這就像我們在社交平台或網購平台上所遇到的情況類近，當我們發送訊息後，收到對方的回應時，有時候亦會感覺到正在跟一個聊天機械人（chatbot）在交談，在互動及對話中，好像欠缺了一點「人性」。你可以立即跟 Siri、Alexa 或 Google 助理「對話」試試看，應該

可以感受到這個互動與真人有明顯分別。

　　由 1950 年至現在，人工智能越來越受到重視，科技應用亦有增無減。而人工智能的真正增長期，可說是從 2012 年開始。由於互聯網中的數據量持續上漲，電腦運算能力亦不斷提升，科技研究人員成功開發多種新的機器學習演算法（machine learning algorithm），令人工智能成為全世界其中一個焦點。人工智能之研究領域十分廣泛，包括專家系統（expert system）、進化計算（evolutionary computation）、模糊邏輯（fuzzy logic）、計算機視覺（computer vision）、自然語言處理（natural language processing）、推薦系統（recommendation system）等。全球企業都逐步採用這些技術，令我們的生活變得更加美好。

　　機器學習是人工智能中一個重大課題，它使用不同演算法來解析數據，在運算過程中學習，然後對真實世界中的事情做決策和預測。機器學習需要根據過往所發生的事情作分析從而提供建議及推論將來，所以數據是非常重要的一環。數據群不單止要有充足數據量，而且亦要完整。利用機器學習去協助解決問題，必先由一個精準的問題開始，例如向客戶推介產品或提供旅遊路線建議。設定好問題後便開始建構機器學習模型及選取所需演算法。數據完整性

則針對問題及模型作判斷，如果數據不完整，演算法便「學不到」相關知識。

人工智能及機器學習早已進入我們日常生活當中，可能你會不以為然，但看看以下這些例子，你就會對人工智能跟我們的密切關係有所覺悟。

Netflix 影片推薦

每次開啟 Netflix，先會看到一個用戶選擇版面，選擇了自己的使用者帳號後便可進入主頁瀏覽。在你登記帳號時，相信你已經填寫自己的年齡、性別及喜好。當你選擇使用者後，Netflix 會利用之前收集到關於你的個人資料，再加上你過去在平台看過的影片，向你推薦系統認為符合你口味的影片和電視劇。

Netflix 推薦系統中的一個重要特性為希望用戶了解系統推薦因由。在推薦版面中，用戶可以清楚看到系統為什麼得到這個推薦結果。系統會用口語化的句式表達，例如「因為你看過」或「我們猜你喜歡」等。除了為用戶帶來

信任感外，還期望他們能在推薦互動中積極參與，而且主動反饋，讓系統收集更多、更準確的數據。

　　Netflix 同時亦注重多樣化的推薦。在同一個首頁中，系統不僅根據以上用戶數據來作推薦，Netflix 還設置一個區域，為用戶推薦當天或當週的熱門影片。這個做法可在最大限度滿足用戶喜好，而同時發掘用戶在系統中出現「新喜好」的可能性。

Facebook 廣告推薦

　　從 2019 年開始，離開 Facebook 轉移到其他社交平台的用戶越來越多。Facebook 為了留住逐漸離開的用戶，從演算法加入兩個重點，分別為「你在意的人」（People You Care About）和「你關注的內容」（Post You Care About）。

　　要如何定義哪些朋友屬於「你在意的人」組別？除了沿用傳統標準，包括用戶有多常跟某位朋友進行互動、有多少個共同朋友，甚至把朋友加進「close friend」（親密朋友）

群組外，還會向用戶進行調查，讓演算法找到哪些朋友才是用戶真正在意的對象。另外，這個關注狀態是浮動的，因為每隔一段時間，用戶可能認識了新朋友，成為新「在意的人」，而亦有些朋友會被踢出名單。

至於「你關注的內容」，Facebook 表示會持續給用戶顯示「最相關的帖文」（Show People Relevant Post）。透過調查獲得用戶反饋，得知哪些內容值得他們關注，並綜合觀察帖文的類型、發文者以及互動狀況，能更精準預測哪些帖文或連結內容會是用戶認為有價值的資訊。

這個預測模型會不斷更新，確保系統無時無刻對每位用戶有最充分了解，讓用戶看到所要的資訊，藉此留著用戶。

亞馬遜（Amazon）產品推薦

亞馬遜的零售推薦系統由很多不同種類的數據組合所構成，數據來源包括會員在過去買了哪些商品、曾把什麼放進購物車（包括放進去但是最後沒有購買的）、曾按讚好的，還有其他會員同時瀏覽及購買了哪些商品等。憑著

這套演算法，Amazon 向過了很久才回來的會員提供深度個人化的網頁瀏覽體驗。例如科技產品愛好者在網站會看到滿滿的電子產品推介，而家長們則看到小朋友用品及玩具。

進入 Amazon 網站，你會看到許多推薦商品的欄位。而進入某個產品的頁面後，你還會看到「人氣組合」與「其他會員同時還買了哪些產品」的欄位。

除此之外，Amazon 還透過電子郵件推薦商品。負責團隊會對電子郵件開啟率、點擊率、退出率等關鍵參與指標進行分析，再按電子郵件所帶來的銷售額進行優先排序，將會員的購買機會最大化。這類郵件的轉換率和效率非常高，比網站推薦的效率要高很多。

簡單來說，各個互聯網服務供應商，在提供服務時同時亦不斷收集數據進行分析，令你對該平台及服務的依賴越來越強，使用度越來越高。利用人工智能及大數據技術，令系統建議之準確度得到提升。

3.4 互聯網上的網絡足跡

在免費試用各大社交平台及互聯網服務時，雖然為大家帶來不少方便，但是那些「免費服務」往往令我們付出巨大的代價。對大部分社交平台來說，用戶不是真正客戶，商業企業才是真正顧客，而我們可能只被當作成商品看待。因為人工智能及大數據應用越來越廣泛，令我們跟互聯網之關係變得更加密不可分。我們在互聯網上留下的網絡足跡越多，各大互聯網服務供應商則利用我們的數據進行分析，並透過各種演算法計算後，對每位用戶有深入了解。他們越了解，就令我們越沉迷，而繼續成為數據提供者。現在就用 Facebook 及 Google 做例子，跟大家分享當中奧秘。

Facebook

Facebook 的盈利模式其實不難了解，簡單來說就是先了解每位用戶，透過數據分析來把用戶進行分類，然後協助企業精準鎖定目標並向目標群投放廣告。為了讓用戶源源不絕地向平台提供數據，Facebook 無時無刻都在想辦法

去把你緊緊地跟平台綁在一起，從而繼續得知你的最新動態。在全球對很多人來說，每天打開 Facebook 手機應用程式來獲取新聞資訊已經是每天必會做的事，每天留在平台上的總瀏覽時數可達數個小時。Facebook 一直為你想優先看的資訊而努力，讓你與朋友在平台上互動、玩遊戲、售賣物品，甚至尋找工作，成為你生活不可或缺的一部分。

至於 Facebook 知道你哪些資訊？有部分對你來說應該十分明顯，包括你的名字、電郵地址及電話號碼，甚至透過 WiFi 或 GPS 知道你身在何方。如果你吃了「誠實豆沙包」才填寫個人資料，Facebook 可能也知道你的學歷及專長。機器學習演算法基於這組資料已經足夠令系統去認出或知道如何辨別你。在大部分情況下，這些重要資訊都是在你不知情（或不為意）的情況下送給 Facebook 系統的。它知道你的家及辦公地點，它知道你在哪家餐廳吃飯，它亦知道你到哪家酒店過了一個週末。

根據 Facebook 的使用條款，「Facebook 的應用程式家族」亦會收集你的資料。就算你沒有使用 Facebook，其他「家族成員」包括 WhatsApp、Facebook Messenger 或 Instagram 都是你的資料來源。更廣泛地收集資訊，代表收到的資訊更多元化，而重點是這些資訊都跟你緊緊連繫上，

令系統可更精準地向你投放廣告。

還有一件更恐怖的事要跟你分享。網上一直流傳，Facebook 有可能在竊聽我們的日常對話！

仔細想想，有沒有試過跟朋友談及某個話題或產品，稍後在 Facebook 或 Instagram 平台上看到相關廣告或推薦影片？Facebook 主要利用「站外動態」（Off-Facebook activity）來執行這任務，它可追蹤用戶的瀏覽行為與其他手機應用程式的互動資訊。就算 Facebook 過去不承認有在後台進行錄音，實際上還是可以透過各種不同方法來搜集用戶行為與喜好。

無論孰真孰假，希望「安全一點」的話，要防止以上情況發生還是有方法的。跟著以下七個步驟，便可關閉 Facebook「站外動態」功能。

1. 在 Facebook 平台進入個人分頁，點選「設定和隱私」，再按一下「設定」。

2. 進入「設定」後，點選「你的 Facebook 資訊」，再按一下「Facebook 站外動態」。

3. 頁面會顯示你曾授權及同意分享你動態的應用程式，以及過往網站瀏覽紀錄，這時可點選「清除紀錄」，取消帳戶與 Facebook 站外動態之連結。

4. 再次確認清除紀錄。

5. 清除紀錄後，點選「更多選項」。

6. 按一下「管理未來動態」。

7. 點選關閉「未來的 Facebook 站外動態」，以阻止 Facebook 儲存你的網上活動及行為，然後再確認「關閉」，這樣便可成功關閉 Facebook「站外動態」。

另外，要了解 Facebook 究竟知道我們哪些信息，可以查看標題為「訪問你的 Facebook 數據」的頁面。

1. 在 Facebook 平台進入個人分頁，點選「設定和隱私」，按一下「設定」。

2. 進入「設定」後，點選「你的 Facebook 資訊」，再按一下「下載你的資訊」。

3. 設定你想查看的日期區間。

4. 選好後按一下「要求下載」開始打包、製作備份。

5. 因為 Facebook 副本牽涉到你的隱私資訊，平台會要求你再次輸入密碼以確認是帳戶持有人。

6. 當副本建立完成後，Facebook 會透過「通知」提醒你。

7. 回到「下載你的資訊」頁面，按一下「可用的檔案」就會顯示備份資料。

　　提提大家，如果選擇完整備份的話，檔案會相當大。要取回副本只要點選「下載」就能獲取檔案。每個副本檔案只會保存大約 4 天左右，超過時限就無法下載，必須重新建立一次。

Google

　　除了 Facebook 家族，另一個最常用的平台相信為 Google 家族。Google 搜尋引擎、Gmail 電子郵件服務及 YouTube 影片分享平台都是位居前列的熱門互聯網免費服務。早前提及，使用免費服務亦需付出代價。在互聯網世

界中，並不是只有 Facebook 在收集個人數據並從中獲利，Google 的資訊搜集量可能比 Facebook 更多更廣，而且在數據追蹤及搜集，和網站及應用設計上花上更多時間來確保系統有充足的原材料進行數據分析。

Google 一直在記錄每位用戶的瀏覽和搜索歷史紀錄、所安裝的應用程式、年齡和性別等之人口統計數據，以及我們在現實世界中購物等其他數據來源。因為 Google 可進行跨平台、跨設備追蹤，所以無論用戶使用哪種設備，Google 都可以獲取到數據。

Google Analytics 是網上其中一個主要的網站數據分析平台，替數千萬個網站單位進行分析，而且 Google Analytics 會跟蹤用戶有否登錄 Google 帳號。另一方面，Google 亦可用多種方式追蹤數十億的 Google 帳號。在 2016 年，Google 更改了服務條款，允許追蹤廣告數據和 Google 帳戶數據合併的資訊。

雖然 Google 允許所有用戶（無論是否擁有 Google 帳號）關閉廣告定位權限，可是它跟 Facebook 一樣，仍然會默默地收集數據。

別忘記 Google 還有一個很好的伙伴，它就是 Android 設備系列。Google 在 2005 年收購了 Android 公司，並在 2007 年與 84 家硬件製造商、軟件開發商及電信營運商成立開放手機聯盟來共同研發 Android 系統。現時，全球有超過 20 億使用 Android 系統的活躍設備，而 Google 亦可從這巨大的數據來源中搜集數據。

　　Android 跟其他操作系統（例如 Apple iOS 系統）真的有分別嗎？ Facebook 的 Android 版本可持續收集用戶的通話及文字紀錄，但在 iOS 版本則沒能取得這個權限。Android 系統會較常詢問用戶授權某些權限，而用戶只會知道這些權限是用於地理位置、拍照、通話等，背後所隱藏的意義則隻字不提。

　　例如，Google 地圖會要求用戶啟用自動定位服務，看似合理，但這組資訊會用來顯示相關的地理位置廣告。而 Gmail Android 版本會不斷要求用戶開放手機攝像頭和麥克風權限，直至用戶同意為止。

　　至於 Google 如何向你推送個人化廣告？它主要利用以下三大數據收集方法：

1. **你告訴 Google：**這些資訊都是你主動交給 Google，主要在創建帳號或更新你的資料時所提供，包括年齡和性別等。

2. **你的瀏覽：**還記得 Cookie 嗎？它會存放著一些你曾瀏覽某個網站的足跡。Google 分析 Cookie 中的內容，便知道你瀏覽過哪些網站。

3. **你的 Google 使用情況：**個人興趣類別是根據「你在 Google 服務上的活動」（例如搜尋或觀看 YouTube）推斷出來的。如果你在網上搜尋「反斗奇兵」，Google 就會認為你喜歡「卡通片」。

    Google 取用你所瀏覽過的網站紀錄，整合你所搜尋過的關鍵字，即是紀錄了你的上網習慣，再將適合你的廣告投放給你。

    你對於 Google 的興趣推斷是否感到好奇？我們能否查看 Google 上屬於自己的紀錄？

    登入 Google 後，進入廣告設定，可以看到官方說明「廣告個人化」是它提出的一種服務，目的是為使用者提供更

實用的廣告。頁面下方就是 Google 認為你感興趣的類別。你亦可直接到以下網址查詢你的個人資料：

https://adssettings.google.com/authenticated/

　　如果你不希望自己的網絡足跡被 Google 分析，可以在這頁面停用廣告個人化功能。當點擊「停用個人化廣告功能」後，會看到一個訊息說明你還是會看到廣告，只是 Google 不會搜集你在其他地方留下的資訊，所以不會（亦不能）向你推送「最合適」的廣告。「廣告個人化」還有一個更多選項，簡單來說就是你同意了 Google 廣告個人化，但你不想讓 Google 把你的數據提供給第三方平台，也就是說你的手機應用程式以及在 Google 以外網站出現的廣告不是建基於 Google 搜集的個人數據來顯示。

　　花點時間想想你要讓 Google 了解你多少興趣吧！

3.5 科技巨企資料外洩

　　個人數據資料就好像銀行存款一樣，數量越多，價值越高。數據收集得越多，就越需要充足的數據存放空間。除此之外，數據安全性亦非常重要。近年，隨著各個社交平台及互聯網服務之興起，全世界之互聯網使用者都十分依賴這些平台來獲取資訊，同時讓我們留下大量有價值的個人數據資料給一眾科技巨企，而當中有不少資料外洩事件引起全球關注及廣泛討論。

　　Facebook 在 2018 年爆出用戶個人資料外洩事件，令美國及德國近六成市民對它失去信任。事件不單止影響聲譽，還導致當時股價大跌，可說是 Facebook 創辦以來的最大危機。

　　是次個人資料外洩事件要追溯至 2014 年，劍橋大學心理學家 Aleksandr Kogan 製作了一個心理測驗應用程式，名為「thisisyourdigitallife」（這是你的數碼生活），並在 Facebook 平台上發布。當時 Facebook 的隱私政策較為寬鬆，若用戶不主動設定「不公開」，第三方將可透過合約（每次使用應用程式前會詢問是否提供個人資料）取得用戶資

料。在這寬鬆政策的默許下，該程式獲得 30 萬名用戶個人資料，再與英國的資料分析公司 Cambridge Analytica（劍橋分析）分享，並按分析結果來進行政治相關活動。

在 2015 年，Cambridge Analytica 透過心理測驗取得的用戶數據，包含好友名單的個人資料，總計波及 5,000 萬人。雖然 Facebook 發現 Cambridge Analytica 不正當使用個人資料後，立即移除這心理測驗應用程式，並要求 Cambridge Analytica 刪除相關數據，但是沒有真正跟對方確認是否已完成刪除，也沒有知會受影響之用戶。這些個人資料最後被應用在 2016 年之美國總統大選，Facebook 在此選舉中的確影響甚深。

到了 2018 年，隨著個人資料外洩風波越演越烈，Facebook 創辦人 Mark Zuckerberg 不得不出來承認責任。他在自己的 Facebook 專頁中發表一份聲明，首次承認公司在用戶個人資料被 Cambridge Analytica 不當取用的事件中犯了錯。其後，Facebook 官方亦發出公告，提出以下六大補救措施，阻止第三方公司在沒有授權的情況下獲取用戶的個人資料，預防未來有類似的事件再次發生：

1. 評估所有能在 Facebook 平台上獲取大量資料及有可疑行為的應用程式。

2. 向所有個人資料被第三方應用程式誤用的用戶發出警告。

3. 關閉用戶最近 3 個月沒有使用過的應用程式取得用戶資料許可權。

4. 改變 Facebook 的登入資料，這樣第三方應用程式則只能看到用戶的名字、頭像和電郵地址，除非該應用程式能通過更多評估項目。

5. 協助用戶管理他們在 Facebook 上使用的應用程式，包括管理這些應用程式能看到用戶的哪些資訊。

6. 增加用戶的「捉蟲獎勵項目」。如果使用者發現應用程式開發者不正確使用用戶個人資料，提出舉報將獲得獎勵。

以為 Facebook 資料外洩事件就此告一段落？這樣你就錯了！

2021 年 4 月，有外國媒體刊登報道指 Facebook 再次洩露用戶個人資料，包括用戶的手機號碼、全名、地區、電郵地址和個人檔案資料等，當中牽涉近 5.3 億個 Facebook 用戶，他們的資料被駭客在外國論壇中分享。資訊科技安全專家提醒道，或會有人利用這些用戶資料冒充他人進行詐騙，大家必須小心提防。

雖然其後 Facebook 指出這些漏洞早已在 2019 年 8 月被修復，但是這類消息的確令人非常擔心。

繼 Facebook 爆出個人資料外洩事件後，社交網站 Google+ 在 2018 年亦捲入風暴。在數十萬用戶資料曝光後，Google 宣布 Google+ 個人版本將在 2019 年 8 月完全停止服務。Google+ 於 2011 年 6 月正式投入服務，被視為用來挑戰 Facebook 的產品，但隨著時間過去，人氣始終比不上 Facebook。這次個人資料外洩事件加速了 Google+ 的滅亡。

根據 Google 工程部副總裁 Ben Smith 發表的文章，Google 在 2018 年啟動「閃光燈計劃」（Project Strobe），調查第三方開發商存取 Google 帳戶和 Android 裝置資料的情況後，結果發現 Google+ 應用程式介面（Application Programming Interface，簡稱 API）有重大漏洞。

Google 曾對外保證，不會像 Facebook 那樣捲入個人資料外洩醜聞。有報道指出，主管機關與私隱權倡議團體主張科技巨企應為數十億用戶負起保護用戶個人資料的責任。由這事件顯示，Google 雖極力避免讓個人資料處理情況成為公眾關注焦點，可是經此一役，Google 隱私保護成效恐被外界質疑，更可能導致 Google 被政府加強監管。

Google 為方便第三方開發商協助擴充應用程式，透過超過 130 個 API 讓他們存取用戶個人資料。開發商通常需要取得用戶同意才能取用資料，但風險在於不法分子可能假扮程式開發商，取得並濫用敏感個人資料權限。

Google+ 可能外流的用戶資料包括全名、電郵地址、出生日期、性別、大頭照、居住地、職業和感情狀態。而電話號碼、電郵訊息、帖文、私人訊息和其他通訊資料未被曝光。Ben 在文中提及，每當用戶資料有可能受影響時，Google 會以多項衡量標準來決定是否通知用戶。他表示 Google 的考慮因素包括能否精確辨識應告知的用戶、是否有個人資料遭濫用的證據、開發商或用戶是否有可採取的對應措施等。就這起事件而言，前述門檻都沒有達到。

另外，在同年 7 月，《華爾街日報》亦曾報道，Google 讓數百家第三方開發商掃瞄數百萬名註冊了購物比價、自動化旅遊規劃等郵件相關服務的用戶的 Gmail 收件匣，以訓練人工智能平台。

　　免費的事，代價往往最高。

3.6 個人私隱條例

在你的角度而言，你的個人資料是什麼？可能你會認為姓名、電話號碼、地址、身份證號碼、銀行帳號等均屬於個人敏感私隱資料。我們不妨參考一下香港個人資料私隱專員公署就個人資料的法律定義。

根據香港條例第 486 章，《個人資料（私隱）條例》第 2 條，個人資料指符合以下說明的任何資料：

- 直接或間接與一名在世的個人有關的

- 從該資料直接或間接地確定有關的個人的身份是切實可行的

- 該資料的存在形式令予以查閱及處理均是切實可行的

簡單來說，就是可辨認出一個人的身份之資料組合。例如，透過姓名及指紋可以辨認出你是否某位人士；如果把電話、地址、性別及年齡等資料組合起來，亦可達到同樣目的。

而任何人士或機構在收集、持有、處理或使用個人資料時，必須遵守條例訂明的六項保障資料原則：

1. **收集個人資料的目的及方式**

    個人資料之收集目的必須為合法及公平，亦須直接與使用該等資料的資料使用者之職能或活動有關。

2. **個人資料的準確性及保留期間**

    資料使用者須確保所持有的個人資料是準確及為最新的。如資料使用者懷疑所持有的個人資料並不準確，應該立即停止使用相關資料。資料保存及使用時，不能超過原定目的之實際所需。

3. **個人資料的使用**

    除非得到資料當事人給予明確及自願的同意，否則資料使用者不可以改變個人資料的用途，而只可將資料用於當初收集資料時所列明的用途（或與其直接有關的用途）。

4. **個人資料的保安**

    資料使用者必須採取適當的保安措施去保護個人資料，

避免有人在未獲准許或意外的情況下，去查閱、處理、刪除或者使用那些資料。

5. **資訊須在一般情況下可提供**

    資料使用者須公開所持有個人資料之類別（不包括內容），並公開處理個人資料的政策。最理想做法為制訂一份「私隱政策聲明」，內容包括有關資料的準確性、保留期、保安、使用、如何處理由資料當事人提出的查閱資料及改正資料要求等。

6. **查閱個人資料**

    資料當事人有權向資料使用者查證是否持有其個人資料，以及有權要求獲得有關資料的副本。假若發現副本內的個人資料有誤，資料當事人有權要求改正相關資料。

    而在歐盟地區的 GDPR（General Data Protection Regulation，一般資料保護法規），除了早前提及的 Cookie 相關內容外，還有下列定義及原則：

    GDPR 就個人私隱資料之定義跟香港《個人資料（私隱）條例》非常類近，GDPR 中的個人資料範圍包含可用

於識別或辨別的在世個人資訊。身份識別資料包括姓名、身份證號碼、位置數據、個性特徵（性別、年齡或頭髮顏色等）、財務訊息和在線身份識別資料（例如 IP 位址）。而被定義為敏感的個人資料則包括種族或族裔、宗教、政治或哲學信仰、工會會員或從屬關係、身體或精神健康狀況、性取向等資料，用於唯一地識別個人的遺傳或生物識別資料。

有關 GDPR 的重點如下：

1. **基本原則**

處理個人資料時應合法、公平及透明，蒐集時應基於特定、明確且正當之目的。蒐集之個人資料應適當地與當事人相關，且限於應用在指定目的。資料亦應準確及保持更新，錯誤資料應被刪除或修正。而資料儲存時間不應長於為達處理目的所必需的時期，處理方式須確保資料受適當安全保護。

2. **當事人同意**

個人資料之蒐集、處理及應用須經資料當事人明確同意，透過書面請求同意時必須與其他事項分隔，內文亦要淺顯易懂，當事人可隨時撤銷其同意。

3. **當事人之權利**

當事人有權向資料控制者查詢、閱覽及複製其個人資料。當事人有權要求更正、刪除其資料，及限制其資料之處理。資料控制者有義務通知資料接收者相關改動。當事人有權將其資料轉移到另一資料控制者而不受限制，亦有權對其資料被資料控制者的合法處理（包括人工智能演算法的自動化分析）提出異議。

4. **資料控制者與處理者之義務**

資料控制者應就資料蒐集的資料範圍、蒐集資料的目的、當事人權益等資訊，以淺顯易懂並且免費的方式告知當事人。資料控制者須採取相關技術與組織內部措施以確保個人資料處理合乎相關規範，亦應保留資料處理活動之紀錄。若發生資料外洩事故，必須於 72 小時內通報主管部門或機構，情況嚴重時需通知當事人。資料控制者應定期及系統性進行資料保護風險影響評估及設立資料保護專員。

5. **跨境傳輸個入資料之規範**

資料控制者與處理者之間需簽訂歐盟執委會公布之標準資料保護條款，而歐盟資料控制者或處理者採取之行

為準則，亦需搭配第三國之資料控制者或處理者具法律效力且可執行之承諾。在某些情況下，雖然無法確保資料被傳輸到第三國續受完善保護，但若當事人明確同意且已被告知相關風險情況下，仍可進行跨境傳輸。

6. **政府組織與監理**

歐盟各會員國資料保護主管機關應合作以確保法規施行之一致性。

7. **救濟措施與罰則**

當事人若認為其個人資料受到侵害，可向主管部門或機構提出控訴。若不滿主管部門或機構處理結果，則可對主管部門或機構提出司法訴訟。當事人可對資料控制者與處理者提出司法訴訟，當事人應就其損害，從資料控制者與處理者獲得補償，而主管部門或機構對於違反GDPR 者除按要求修正外，亦可被罰款。

你正在擔心個人資料已被外洩，或擔心自己是 Facebook 和 Google 的個人資料外洩事件的其中一位受害者，認為只能一直被動地等待執法機關進行調查或處罰相關部門或機構嗎？送你一個工具網站，讓你查看自己的資料有否外洩。

https://haveibeenpwned.com/

　　開啟網站後，輸入你的電話號碼或電郵地址。如果用電話號碼的話，需要在前頭輸入國際區號。要查詢香港電話98765432，應在網站中輸入 85298765432（852 為香港之電話區號），然後按「pwded?」。

　　假若搜尋結果為「Good news — no pwnage found!」，代表你的電話號碼或電郵地址沒有出現在資訊安全事件的外洩資料中。但是如果你看到「Oh no — pwned!」則表示資料已經外流，建議立即更改相關帳戶密碼、啟用雙重認證功能及重新檢視每個帳號的安全性設定，以防止同樣事情再次發生。

Chapter 4 :

成為數碼公民

4.1 我們都是數碼公民

在現實世界中，我們在某個國家或地域中生活，可被形容為當地「居民」。那麼，在互聯網世界中，我們的身份是什麼呢？

每位互聯網使用者，都是「數碼公民」。

來自約克大學的蘇珊（Susan Halfpenny）給予數碼公民以下定義：

「在簡單層面上，我們可能將數碼公民視為獲取數碼技術和保持安全的能力。但是，當我們開始成為數碼公民時，我們還需要考慮和理解公民身份的複雜性，並使用數碼媒體積極參與在社會和日常生活中。」

Facebook 對「數碼公民」之定義亦相類近：

「數碼公民是關於我們在網絡世界的權利和義務，及如何在網絡世界數碼領域裡適當及負責任地行使所擁有的權利，解讀並且分享所接收到的各項資訊，與其他人互動。」

2021 年 Facebook 在香港推動 We Think Digital 計劃，目的為宣揚 21 世紀每位數碼公民的資訊思辨能力，尊重彼此之間的互動，並提升安全私隱的保護意識，培養正確使用數碼科技的素養和技巧。

詳情可瀏覽以下網頁：

「數碼公民」除了以上之廣泛定義外，世界各地不同組織或機構也曾就此題目作出不同的研究和討論，這裡參考英國教育網站 AES 歸納出以下七個關鍵概念：

1. **同理心**

同理心對於理解別人在網上的談話和行為方式非常重要。由於互聯網的使用在很大程度上依賴於文字的交

流，因此當你與某人在網上進行文字交談時，不可能聽到他們的聲音、看到他們的面部表情或理解其他非語言暗示。因此，互聯網使用者非常容易對別人的在線言論做出快速、嚴厲的判斷。在最壞情況下，這種行為可能會演變成網絡欺凌。

2. 互聯網是如何運作的

互聯網速度是如此之快且反應迅速，要知道只是檢查電子郵件的實際運作過程都足以令人十分驚嘆，但世界上只有一小部分人真正了解這個過程。探討互聯網之工作流程可讓使用者成為良好數碼公民而奠定基礎。

3. 了解用戶數據

幾乎所有擁有網站的公司都會收集到訪者之數據。該數據可能與某人查看的頁面一樣簡單，也可能與某人的家庭住址一樣詳細。互聯網上的大多數網站都將這些資訊用於營銷目的。它可以幫助公司更好地了解客戶，並幫助公司以更有意義的方式與客戶建立關係。個人數據處理有好有壞，需時刻提高警覺，好好保護自己。

4. **表現數碼素養**

數碼素養是指在網上閱讀資訊並了解其含義、來源以及是否準確的實踐，還包括了解道德規範、網上自我保護，甚至防止網絡欺凌。能從網上的錯誤訊息中辨別出準確部分，才能真正實踐良好的數碼公民身份。

5. **承認數碼鴻溝**

數碼鴻溝是指能夠使用現代數碼工具（如電腦和互聯網）的人和無法使用這些工具的人之間的差距。在世界各地，對電腦和互聯網的使用仍然受到限制，意味著貧困者與擁有高收入的人的使用水平截然不同，所以有不少科技巨企一直在推動全球互聯網覆蓋並期望可被公平使用。

6. **實踐數碼健康**

數碼健康是指避免投放不合理的時間沉迷於互聯網和數碼媒體的做法。數碼健康非常重要，因為過多的屏幕時間會對使用者產生不良影響，例如交互記憶、同理心，甚至大腦發育。

7. 保護數碼設備

成為優秀數碼公民的最後一個要素是保護好你的數碼設備。例如對智能手機的安全性、面容識別原理、防毒軟件、VPN 等作深入了解，令我們不用過分擔心網上身份被盜用。

無論你是如何使用互聯網，每位使用者均有責任成為一個良好的數碼公民，共同打造更理想的網絡世界。

4.2 網絡欺凌

　　前文提及「表現數碼素養」是成為良好「數碼公民」之其中一個關鍵要素，可是在現實世界中網絡欺凌仍然持續發生。2018 年香港理工大學應用社會科學系就中學生網絡欺凌情況進行調查，一共訪問了 2,120 位中二至中五學生，結果大致如下：

- 曾對他人「網絡起底」（12.1%）

- 曾試過在未經同意下被人上載個人照片或影片（31.4%）

- 曾被人上載手提電話號碼（15.1%）

- 會轉發別人個人資料（2.6%）

　　另外，調查亦訪問了由小四至中六不同班級的同學，發現在每個班級的群組中，約有 2% 至 3% 之受訪者表示曾在網上（包括通過網上論壇、網誌、電郵、聊天室、即時通訊等社交媒體及其他網站）遭受欺凌，情況不容忽視。

參考青年社區法網的定義，網絡欺凌是指個別人士或一群人，不斷在互聯網上（包括社交網絡及即時通訊工具）針對其他人士蓄意及反覆地作出帶有敵意的行為，意圖作出傷害，對身心造成滋擾。當中較常見的為騷擾、恐嚇、詆毀、威脅、假冒他人，又或是散播謠言或虛假訊息，以圖損害對方的聲譽或人際關係。例如：

- **網絡審判：** 在討論區或個人網誌等留言區中發帖進行惡意評論，甚至人身攻擊。

- **洗版：** 在短時間內不斷重複一些令人厭惡的圖文。

- **惡搞：** 製作改圖、移花接木、在相片或短片加上侮辱性的文字或內容。

- **起底：** 於網上公開他人的個人資料。

網絡欺凌還可以涉及損壞數據或器材、誘使別人進行性活動、收集資料以滋擾他人等，另外亦包括未經當事人同意下，分享其處於尷尬情況的照片或影片。

社交媒體平台用戶數量不斷上升，內容更新速度飛快，讓大量用戶（尤其是年輕人）每天依賴著各大平台與他人

互動。這當然帶來不少方便，而同時間這些網上內容亦存在許多風險，逐步演變成為網絡欺凌或網絡暴力。社交媒體上的網絡暴力可以是針對受害人的任何訊息，並且由於使用社交媒體的用戶主要是分享他們社交活動或個人相關資訊（包括相片、影片、個人感受，甚至身處位置等），這給「施暴者」提供很多攻擊方向。他們可以根據這些資訊進一步對受害人進行「網絡起底」，造成更加直接和現實的傷害。

常見的起底途徑包括利用搜尋引擎作仔細網絡搜索、透過社交網絡平台收集各種資料、朋友於討論區「出賣」被起底者的資料、利用駭客軟件或檔案分享軟件入侵受害者的電腦，還有不誠實的電腦維修員等，這些都是網絡上有使用者曾經採用的起底方法。

根據香港個人資料私隱專員公署在 2021 年 10 月刊憲發布的《2021 年個人資料（私隱）（修訂）條例》列明：「任何人未經資料當事人同意而披露他的個人資料，並有意圖或罔顧是否會導致當事人或其家人蒙受指明傷害，例如滋擾、騷擾、纏擾、威脅或恐嚇，或對當事人或其家人造成身體、心理傷害或財產受損，便可構成『起底』罪行。」「網絡起底」屬刑事罪行，切勿以身試法。

另外，亦不要以為在網絡上便可恣意妄為，不受規管，根據香港法例第 200 章《刑事罪行條例》第 24 條，理論上只要網絡欺凌者威脅任何人，意圖使該威脅達到有意令其受驚或有意影響其行為，導致受威脅者或其他人，作出在法律上並非必須作出的作為，即屬犯罪。若干犯此罪行，經簡易程序定罪，可被判罰款 2,000 元及監禁兩年；經公訴程序定罪可被判監禁 5 年。

網絡欺凌可能只是個人一時興起的行為，可是對受害人來說，卻很有可能造成長遠的影響。受害人或會因此感到驚慌及失去自信，更嚴重的可能會萌生自殺念頭。特別是當一群人聯合起來，持續地奚落、蔑視或貶低受害人，甚至作「網絡公審」，所造成的傷害往往難以想像。

不少人以為躲在互聯網高牆後，利用匿名的身份便可暢所欲言，成為「鍵盤戰士」便與真實責任分割。因為不用公開身份，在網上對其他人和事作批評時，用詞一般都較為誇張，甚至出現過激言論，藉機發洩個人生活上的不滿。同時，有些人為了伸張「個人正義」而引發網絡欺凌，甚至「二次欺凌」，可是，究竟我們在網絡上得知的一切是否事實的全部？彰顯「正義」之前，大家都有真正了解事

情的背景和真實情況嗎？環顧全球，受網絡欺凌而患上情緒病，甚至了結生命的例子屢見不鮮。網絡世界中，流言蜚語傳播力量之大，令它成為現代社會極具殺傷力的軟武器，作為一個有能力的「戰士」，究竟應該如何善用這股力量，值得我們深思。

事實上，網絡世界上旁觀者佔大多數，網絡欺凌事件發生後，大多數旁觀者害怕自己被認定為協助或保護受害者，與其站在同一陣線後會被一併欺凌或攻擊，所以就算看到不合理的事情都不會發聲或舉報。但有些時候，「食住花生等睇戲」的心態也有可能被視為對欺凌行為的一種認可，甚至令受害者誤以為自己罪有應得。

若網絡欺凌不幸地在你或你朋友身上發生，不妨參考如香港個人資料私隱專員公署等機構提及的一些應對方法：

☑ 年輕人應向家長、老師或其他可信任的成年人尋求協助。

☑ 面對輕微的網絡欺凌事件，可選擇不予回應、不予理會。

☑ 如欺凌情況持續，可在社交平台或通訊軟件中封鎖對方帳號。

☑ 可直接向平台或服務營運商提出投訴或舉報，並告知對方可能違反使用政策，內容須被移除。

☑ 如張貼的訊息含有刑事或其他犯罪成分（例如刑事恐嚇），可以考慮報警處理。

☑ 如網絡欺凌活動涉及不當收集及使用個人資料，可向個人資料私隱專員公署（或當地個人資料保護機構）作出投訴。

　　如第一章中提及，我們上網時的瀏覽紀錄、上載過的資料、在社交網絡的留言等都會成為「數碼足跡」，難以被完全抹掉刪除。這些資料和訊息可以在網上永久留存，紀錄將跟隨我們一生。而且，在我們刪除訊息之前，任何看到的人都可以儲存和轉發。在網上發布任何資訊前，不如先問問自己以下問題：

● 誰人會看到你所發布的訊息？

● 為什麼你要發布這些內容？

- 你將來會後悔嗎？

- 這些資料將來會否有人用來進行攻擊？

　　網絡世界拉近了人與人之間的距離，同時卻又容易惹起爭端，世界各地互不相識的人也可以因為片言隻語引發罵戰。要提防受到網絡欺凌，首要原則是避免身份被識別，妥善保護個人資料，例如在使用互聯網時盡量避免提供個人資料，於社交網絡平台做好私隱保護，不建議將帳戶設定為陌生人可瀏覽狀態。另外，在網上發表意見時，例如是網上討論區，要注意用詞，避免過分偏激，突出的言論往往會增加成為網絡欺凌目標的風險。我們也必須時刻提醒自己，不要成為網絡欺凌的幫兇，甚至是其中一分子。

4.3 版權及二次創作

　　隨著互聯網由 1.0 進化成 2.0，甚至開始步入 3.0（即是 Web 3.0）時代，各大網絡平台都積極鼓勵每位平台用戶創建屬於自己的獨有內容，形式包括文字（文章、劇本或書籍等）、圖片（照片、圖形設計或藝術畫等）、聲音（歌曲、樂曲或語音錄音等）及影片（電影、電視節目或直播視像等）。一旦作品被發布（包括網上發布），只要是你的原創作品，從創作時起你就擁有該作品之版權。

　　版權是賦予原創作品擁有人的權利，可以存在於文學、音樂、藝術品、聲音紀錄、影片、廣播、有線傳播節目以及表演者的演出等。互聯網上發布的作品，亦受世界各地之版權條例保護。獲賦版權的作品，未必一定是價值極高的作品，你跟朋友的一張合照，也可擁有版權。一般來說，人名、標題、標語或短詞不屬於原創內容，因此不列入版權保護的範圍內。例如，「＊」這個符號一般不受版權保護，但一幅充滿各種圖形和顏色、並以獨特方式排列的畫作，就有可能屬於版權作品。

在互聯網上有不少網絡平台提供免費或付費之網絡素材，以下為坊間獲多人推薦的網絡素材網站，惟使用前務必細閱其使用細則，具體條文可參考有關網站：

- **圖示（免費及付費）**：https://www.flaticon.com/

- **背景音樂及音效（免費）**：https://www.youtube.com/audiolibrary

- **圖片及影片（免費）**：https://www.pexels.com/

- **圖片（付費）**：https://www.istockphoto.com/

- **網絡素材及特效（付費）**：https://motionarray.com/

另外，版權持有人可以設下限制，只允許音樂作品在指定地域中的平台上播放（例如 YouTube），否則該作品可能會遭到靜音，或是完全無法在平台上播放。

關於 Google 就 YouTube 版權音樂的限制，詳情可參考以下網址：

https://support.google.com/youtube/answer/6364458/

以下是常見之網絡版權侵權行為：

1. 未經他人許可便將作品在網絡上發布。

2. 非法轉載（包括轉載已列明不得轉載的作品，或在版權擁有人沒有列明其作品是否可被轉載的情況下，在轉載時沒有列明版權擁有人之身份及未向版權擁有人繳費）。

3. 侵犯網頁設計（包括盜用他人網頁的外觀設計或以此為基礎再作局部修改）。

4. 侵犯網絡商標（商標可同時包含文字、圖片、聲音、動畫等元素）。

5. 非法連接網頁（例如在搜尋網站將他人網站直接連到自身搜尋平台，或把他人網站藏於自己的網站內）。

6. 侵犯網絡域名（包括惡意搶先購買其他機構名稱之域名，或採用類似域名以混淆視聽，提高自身網站點擊率再進行詐騙等非法活動）。

你應該開始有點猶豫，甚至擔心自己曾在不知情的情況下侵犯了別人的版權作品，對吧？

緊記，雖然現時互聯網上充滿著各種有趣資訊，打開搜尋引擎便可輕易找到，但在網上找到的作品或素材，並不代表我們可以無限制地使用！

有沒有注意到在很多網頁的下方註腳部分，都會寫上「All Rights Reserved」（保留所有權利）？意思是作品的使用權利全都保留於版權擁有人手中。著名法律學者 Lawrence Lessig 與一眾志同道合的人於 2001 年在美國創立組織名為「Creative Commons」，針對「All Rights Reserved」提出「Some Rights Reserved」（保留部分權利）這另一個做法。Creative Commons（簡稱 CC）以模組化（modular，意思是將整個作品細分為數個小單元）條件，透過四大授權要素（包括姓名標示、非商業性、禁止改作及相同方式分享）的排列組合，提供了六種方便使用的公眾授權條款。創作者可從中挑選出最合適自己作品的授權

條款，並標示在作品上，讓大眾可按授權條款內容來使用該作品。

YouTube、Flickr 及維基百科（Wikipedia）等都已支援 Creative Commons，讓用戶選擇不同的 CC 授權條文附加到自己的作品上。而維基百科團隊亦創建了「維基共享資源」（Wikimedia Commons）平台，向廣大互聯網用戶提供超過 8,000 萬個免費許可的媒體文件（包括照片、聲音檔及影片）。維基共享資源上的媒體無論屬於公共領域或根據 Creative Commons 版權許可發布，均允許免費重複使用。在重複使用 Creative Commons 許可之內容時需標示相對應的公眾授權條款，例如包含創作人姓名等。

以下為六種 Creative Commons 授權條款：

1. **姓名標示**

    使用者只需依照創作人指定的方式標示姓名，就可以自由利用及分享該著作，亦可將作品用於商業性或非商業性用途，也可以自由依據自己的需求修改或變動作品。這是對使用者而言，最自由的授權條款。

2. **姓名標示＋禁止改作**

   條款內容基於第 1 點作進一步規範，就是使用者不可以改作原作品，使之成為另一衍生作品。

3. **姓名標示＋相同方式分享**

   條款內容同樣基於第 1 點作進一步規範。「相同方式分享」指若你將他人作品改變、轉變或改作成衍生作品，必須採用與原作品相同的授權條款，或採用經 Creative Commons 組織認可或相容的授權方式，才可發布該衍生作品。

4. **姓名標示＋非商業性**

   條款內容基於第 1 點作進一步規範，就是創作人仍然保留商業性用途的權利，因此使用者若將該作品用於商業性用途，必須另外取得授權。

5. **姓名標示＋非商業性＋禁止改作**

   條款內容為第 2 及第 4 點之合併規範。

6. **姓名標示＋非商業性＋相同方式分享**

   條款內容為第 3 及第 4 點之合併規範。

我們如何得知網上作品隸屬哪種授權條款？跟大家分享一個常用方法。在 Google 搜尋平台搜尋圖片時，按一下「工具」，再按「使用權」，你會看到有三個選項：

1. 全部（預設）

2. 創用 CC 授權

3. 商業和其他授權

如果揀選 2 或 3，你所看到的搜尋結果就是受相對應的授權條款規範。

近年流行「二次創作」，意思是「進行第二次的創作活動」，又稱再創作、衍生創作或二創等。網上很多二次創作作品並不涉及商業或盈利成分，只屬於個人喜好性質。而部分二次創作作品則存在於商業作品之中，包括電影、小說、漫畫、電子遊戲及動畫等。

二次創作的範圍很廣，例如標明向某電影致敬、引用某個論壇術語、對某外文書籍進行翻譯、創作押韻金句等，已經屬於二次創作。這做法不是要把別人所創作的作品搶

過來當成自己的作品，反而是希望明顯的基於某作品來改編、仿作或加以發展。如果由版權角度來看，實質涵蓋範圍很多時都難以確定。二次創作在法律上仍然有可能侵犯他人版權，不過是否每個二次創作作品均有侵權仍有很多爭議空間。

自從二次創作出現開始，社會就是否容許這個做法持續出現激烈的爭論。反對二次創作的人認為必須立法規管，甚至禁止二次創作，這樣才可保障作品的原有人在作品上的獨創性、聲譽和權益。而贊成二次創作的人則認為以法律限制二次創作是種強權威壓手段，扼殺大眾創意，剝奪了他人創作自由。香港政府在 2021 年 11 月底曾就更新香港版權制度作公眾諮詢，為期 3 個月。早年曾於 2011 及 2014 年提出修訂《版權條例》均未能成功通過，而是次修訂草案內容則就 2014 年的版本再作修改及更新。有二次創作人士擔心文化創意發展進一步受限制，相信要達致共識仍有漫漫長路。

日本方面，大部分被二次創作而且知道被二次創作的原作者都是採取默認態度，但有些為維護作品的合法營利會禁止其他人就其作品進行二次創作。有些原作者會對其作品列出各種條款，亦有部分原作者持肯定態度，認為二次

創作反而是向他們的一種致敬，只要不傷害作品形象就可當作為一種宣傳。

其實，我們在使用各種互聯網服務時都在不斷創造數據及資訊，例如一個純文字帖子、一張圖像或一段影片。而創造或創作過程中，有可能參考甚至利用他人作品的其中一部分。無論你會否進行二次創作，應常問問自己，假若使用了這些作品為創作素材，是否有機會違反版權條例？切勿貪一時之快，在還未查清楚作品版權的情況下，令自己墮入侵權危機。

4.4 網上交友

　　自從疫情來襲後，相信世界各地都有不少人改變了日常生活方式及習慣。其中一個常見情況為減少外出或參與社交聚會，改為把時間投放於互聯網上。我們可以透過互聯網與朋友溝通，而且網上溝通變得越來越多元化。在各大網上社交平台、即時通訊軟件甚至網上討論區，我們都可以輕易與素未謀面之網友進行互動，亦可進一步認識對方並成為「真實朋友」。這種使人能迅速建立網絡人際關係的條件，讓網上結交朋友變得十分方便。在我們享受其便利性的同時，亦必須了解網絡交友的特性及注意事項，才能安全地遊走於互聯網世界之中。

　　匿名性是網絡交友最重要的一個因素。因為在網絡世界中，我們可以隱藏自己的身份，只需透過一個網名或代號，盡情表現自我。在現實世界中，我們很容易因為對方之身份、外貌等之外在條件影響真正交流，而網上之互動則讓參與者更專注於資訊內容方面。在這種可自由抒發己見的環境中，很容易找到志同道合之網友。同時亦需注意，正因為這個特性，假消息或假內容的情況近年有上升趨勢，看來好像沒有「真實責任」，但亦非必然。

根據「香港關注傳媒對青少年影響聯席（2018）」所發表的《交友應用程式對中學生影響調查報告》，機構在 2018 年訪問了 1,900 名 11 歲至 18 歲的青少年，就他們使用交友應用程式的情況展開調查。結果顯示超過七成的青少年曾下載交友應用程式，當中近半受訪者亦表示會使用交友應用程式主動結識朋友，主要的傾談內容包括日常生活、學業、壓力、愛情，甚至是個人秘密。而他們表示與網友傾談後的感覺是「被了解」、「感受到認同」和「減輕壓力」。

　　近年使用交友應用程式的人數日漸增加，市場調查公司 Statista 指出，2021 年全球超過兩億人在用交友應用程式結交新朋友，數字仍有上升趨勢。要成就這「速配文化」，在交友程式註冊帳號時，我們需上載自己的照片，並提供一系列個人資料，包括年齡、身高、學歷、喜好等，系統便可根據這組資料向用戶推薦「你可能喜歡的朋友」。

　　如果我們不提供個人資料，系統則不能作配對。因為這個特性，吸引一眾網絡犯罪分子利用非法手段模仿這些熱門交友應用程式來盜取用戶的個人資料，其後可將個人資料販賣給第三方，或用於網路釣魚詐騙。例如，犯罪分子可假裝是用戶本人並建立一個吸引度高的個人簡介，一旦

與受害者成功配對後，就可先在檔案中植入惡意軟件再發送給對方，然後進一步展開攻擊或勒索受害者。

雖然在網絡上結交新朋友的確非常方便，可隨時隨地與對方分享生活點滴，甚至慢慢變成「真實朋友」，但是在網上很容易便找到因網上交友而受騙之新聞報道，筆者建議大家遵守以下安全守則，好好保護自己：

- 切勿在網上輕易披露個人隱私資料，包括真實姓名、電話、住址、就讀學校或工作地點、信用卡號碼、提款卡密碼等。若對方在任何情況下威脅你交出這些資料，應該拒絕對方，必要時可使用網站或軟件之封鎖功能。

- 留意網上的討論內容（包括自己的言論），不要發表引人反感或具攻擊性的內容。一旦發現別人的不當言論，應審慎分析及冷靜處理。可向網站或平台營運商作檢舉，切忌轉發或進一步在網上散佈。

- 別急於與新網友見面，應用時間去認證對方是否正人君子，若覺得有問題可立刻停止聯絡及交談。假若真的希望約會網友，應選擇白天人流較多的場合，並告知家人或朋友約會安排，好讓他們在需要時可提供協助。

- 避免與網友進行金錢交易，由於對網友背景了解不多，一旦受騙就很難追討。

　　根據香港警方在 2020 年底就網上騙案所公布的數字，首 10 個月錄得超過一萬宗網絡科技罪案，比前年同期增加近一倍。當中升幅最高為裸聊勒索案及網上情緣騙案，分別錄得 757 宗及 676 宗，並涉及過千萬港幣之金額損失。另外，10 至 29 歲之裸聊勒索案受害人佔總數的 73%，而 10 歲至 29 歲之網上情緣騙案受害人佔總數的 65%，數字均反映青少年最有可能成為此兩類騙案的受害人。

　　互聯網的確可令我們擴闊社交圈子，在家中也可認識全世界的人。但是因互聯網之特性，使網上交友增添了風險。別向一個素未謀面的人毫無保留地付出信任與感情，防人之心不可無，凡事應以個人安全為優先考慮。

4.5 網上購物

疫情令我們花多點時間在社交平台跟朋友作網上互動外，同時亦掀起了網上購物熱潮。香港政府統計處於 2019 年 10 月至 2020 年 9 月期間進行的調查發現，全港 240 萬個家庭住戶中，約 60% 住戶曾在網上購物，每月平均開支約 1,668 港元。首五個最受歡迎的網購商品或服務種類為：

1. 餐飲訂購（佔 37%）

2. 數字媒體、線上服務及線上預訂服務（佔 16%）

3. 旅行及休閒活動（佔 15%）

4. 電器用具、影音器材及資訊和電訊設備（佔 10%）

5. 衣履（佔 9%）

可能你也留意到最近兩年在世界各地都有新的網購平台出現，除了傳統的歐美電商平台 Amazon、eBay 及 Walmart，還有中國的阿里巴巴集團（淘寶、天貓）及京東、日本的 Rakuten（樂天）及韓國的 Gmarket 等。這種透過

互聯網進行交易的銷售方式，若只計算賣方直接跟客戶（用家）連上的話，主要分為 B2C 及 C2C 兩種模式。

B2C（Business to Customer）是指企業在網購平台上提供商品或服務給消費者，而消費者可以利用平台搜尋自己喜歡或想購買的商品。Amazon 及天貓均屬 B2C 電子商務平台。而 C2C（Customer to Customer）則是以消費者間互相交易為主，網購平台主要負責管理及提供資訊。在 C2C 模式中，消費者自行上網找尋喜歡的商品，付費後賣家再寄送商品給消費者，有些平台也會提供物流或電子支付等服務。C2C 交易模式其實不一定要透過網購平台，但平台上一般會獲得較大保障。知名的 C2C 網購平台包括eBay、淘寶、Yahoo 拍賣等。

大家有沒有注意到在網上購買同一件商品，很多時候都比實體店較為便宜？因為網購平台把賣家與消費者直接連起來，省去了店舖的租金、水電費、銷售人員成本等。對於賣家來說，網上銷售經營成本相對較低，經營規模亦不受場地限制，所以同樣的商品，網上賣家很可能比實體店以較低價格出售。

網上購物方便快捷，同時亦存在一些風險。

由於消費者對網購平台上之商品只能參考文字、圖片或短片去了解，並沒法親身觸摸或感受該商品，再加上有些商品的描述模棱兩可，容易使人對商品產生困擾。也有些賣家所銷售的商品都是次貨，意圖以假亂真。許多假貨經營者在介紹和展示產品的時候往往盜用其他商家的圖片來欺騙消費者。網購時亦應在不同平台比較相類似的商品，查看本身的合理價格範圍才作決定。如果找到特別低價的貨品，必須看清條款，因為有機會在運費或付款時才突然加額外費用。同時亦應抱懷疑態度，因為商品有可能是假貨。

付款安全及售後服務問題同時亦為網上購物帶來隱憂。因為網上銀行非常方便，無論轉帳或用信用卡付款都可在一分鐘內完成交易，犯罪分子常通過不安全網頁甚至詐騙網頁來盜取消費者信用卡或銀行帳戶資料。而收到商品後才發現貨不對辦的情況仍然經常發生。不同網店的售後服務各異，有些網店可能不允許換貨或退貨，消費者都必須多加留意。

網上購物亦成為犯罪分子的攻擊目標，其中一款詐騙手法名為「錢騾」（money mule），俗稱「騙子助手」。犯罪分子盜取顧客的個人資料後，令其帳戶在不知情或非

自願的情況下被利用，協助詐騙集團非法取得錢財，成為「非法洗錢」的幫兇。這種新興詐騙手法在多個亞太區國家出現，詐騙者利用社交平台或透過電子郵件、短訊及WhatsApp 等方式與受害者溝通以騙取機密資料，並利用網絡釣魚手法避開防欺詐機制，使受害者在懵然不知的情況下墮進犯罪陷阱。

網上購物不一定安全，但是的確為大勢所趨。在使用網上買賣服務時，嚴格實行下列保安措施，必定有助減低風險和提高自身保護效用：

☑ 在網購平台上購物時，大部分平台都會要求你提供個人資料來註冊成為該平台用戶。切記要小心填寫資料，非必須填寫的資料可省略。同時亦應查閱用戶使用條款及私隱政策，慎防平台不正當地使用你的個人資料。如非必要，可選擇不建立帳戶直接購買商品。

☑ 若註冊為平台用戶，緊記定期更改密碼，並使用「強密碼」，減低帳戶被盜風險。避免使用免費公共 WiFi，盡可能使用設有密碼的私人 WiFi，防止駭客盜取你的個人資料。

☑ 瀏覽網購平台網站時應留意瀏覽器網址欄位的左面有否顯示安全鎖標誌，網址應以「https」開首，確保該網站合符安全標準。

☑ 網購時不應只參考賣家所發布的圖片或短片作決定，應先查看其他消費者留下的評價。雖說有可能是做假紀錄，但光顧一個獲得較多「好評」之賣家，還是比較可靠一點。

☑ 網購其中一個重要環節就是商品運送，運費會因應不同的地區而作出價格調整。例如商廈收費會較便宜，送上家居地址有可能會多收附加費，如果居住在村屋或偏遠地區相信附加費會更高。因此在付款時必須留意運費細節，有不明白的地方應先向客戶服務員查詢。

☑ 在商品運送過程中有機會把貨品寄失。建議在付款後跟賣家確認訂單編號，然後定時查詢貨品運送狀態，減低貨品丟失的風險。

☑ 有些網購平台在付款時會建議用戶把個人信用卡或PayPal 等帳戶資料綁定在其系統內，下次進行交易時會更快捷方便。這個做法存在著一定危險，較容易被人在該平台上盜取信用卡或帳號資料，隨時得不償失。如

常用信用卡支付網購商品，應建立雙重認證（two-factor authentication）步驟（例如透過短訊、電郵或手機應用程式獲取一次性保安編碼才能進行交易）或設定非持卡簽帳通知。另外，消費者亦可選用 PayPal 支付，避免於簽帳時需要披露個人及銀行帳戶資料。

☑ 盡可能選擇著名或可靠的網上商店。如非透過可靠網購平台來進行交易，應先了解交易之風險，並核實對方真正身份和可靠程度才進行交易。

☑ 如不幸發現信用卡遭盜用，應立即聯絡發卡銀行報告可疑交易，要求取消信用卡及中止交易。如有需要，可要求發卡銀行重發一張新的信用卡。

4.6 手機應用程式之數據隱私

跟大家分享一個真實案例。有一天,爸爸希望帶女兒到公園玩耍。出門前利用手機閱讀新聞及查看天氣,並打開地圖應用程式查詢由家中出發至公園的交通狀況。在駕駛過程中,應用程式全程顯示當時位置及附近交通狀況。到達公園後,爸爸使用手機與女兒拍照,再透過濾鏡程式在照片中加入太陽眼鏡及小豬鼻子,然後把照片上傳到社交平台。

可能你會覺得一切正常,甚至乎你就是這樣每天使用各種手機應用程式。可是你有沒有想過,各大應用程式開發商一直在收集你的數據?

就上述例子而言,地圖應用程式可能一直在背景運行並追蹤你身處的位置,相信你早前已同意濾鏡程式去存取你手機中的所有照片,還有社交平台知道你身在何方,甚至正與誰在一起,然後可以把這些資料連到你登記帳號時的個人資料,包括電郵地址及電話號碼等。

根據美國商業雜誌《福布斯》（*Forbes*）在 2021 年其中一篇報道指出，有兩名外國安全研究人員建議 iPhone 用戶應刪除所有 Facebook 相關應用程式（包括 Facebook、Instagram 及 WhatsApp）。即使 iPhone 用戶可在手機設定中禁止 Facebook 收集數據，但是 Facebook 仍可透過用戶上傳照片的一些蛛絲馬跡來進行追蹤。另外，Facebook 還會利用智慧型手機加速度計（accelerometer）來追蹤用戶。這可用作判斷用戶一天某些時段的行為或活動，例如可判斷用戶使用手機時是站著、躺著，還是走路中。

研究人員亦表示，最嚴重的問題是「沒有透明度」。用戶不會收到 Facebook 追蹤數據的警告，也沒有任何啟用或停用追蹤的設定。

根據香港個人資料私隱專員公署在 2019 年初所發表的工作報告，當中提及於 2018 年接獲 501 宗有關資訊科技的投訴，較 2017 年急增一倍。較早前在 2014 年，亦發現由本港公司研發的 60 個手機應用程式中，有 51 個過度獲取權限，佔整體 85%。而香港消費者委員會在 2018 年之其中一個調查亦發現，香港的士預約應用程式存取權限過大，收集過多資料。

再跟你分享多一則令人震驚的新聞。《紐約時報》（The New York Times）在 2017 年底的報道指出，有超過二百多款的應用程式與遊戲，會利用手機的麥克風在背景進行監聽行為。它們主要在 Google Play Store 上架，亦有部分可在 Apple App Store 下載。這些應用程式內藏軟件開發商 Alphonso 的外掛程式，Alphonso 能收集電視音頻信號，應用程式藉此在背景運作，同時進行監聽行為。透過這個外掛程式，可利用手機麥克風來推測並追蹤用戶所在位置之餘，亦可經由在背景運作所收集到的音頻訊號數據，分析用戶觀看電視的習慣和喜好，繼而向用戶手機投放相關的廣告內容。

「網絡足跡」都是個人數據，包括瀏覽習慣、停留時間、個人喜好、運動軌跡、位置訊息，甚至含有身份資訊、相片等敏感的隱私資料。這些數據「預設」是與服務提供者共享，令用戶從中獲得便利，例如向你推薦符合喜好的內容或服務等，而服務提供者則利用所收集的個人數據作個人化廣告推薦並從中獲利。

隨著隱私意識抬頭，Apple 由 iOS14 開始加入兩大隱私功能：

1. 在 iPhone、iPad 這些 iOS 裝置上，系統會給每部裝置分配一個 IDFA（廣告識別碼），這個識別碼會將裝置上的使用數據串聯起來。廣告投放商則透過獲取 IDFA 來收集及追蹤數據，最後根據用戶的行為、喜好進行廣告投放。Apple 修改了追蹤手機應用程式中的 IDFA 權限，並把追蹤權限放在前台交給用戶決定，Apple 要求開發者必須在欲追蹤或取得用戶 IDFA 時顯示提示（以 iOS15 為例）：「允許（應用程式名字）追蹤你在其他公司的 App 和網站上的活動嗎？」而用戶可選擇「要求 App 不要追蹤」或「允許」。

2. App Store 內的應用程式將獲取及收集哪些用戶數據也變得透明，需要逐項列在應用程式介紹之下方，大大加強了「應用程式追蹤透明度」（App Tracking Transparency，簡稱 ATT）。

在 Apple 公布消息後，Google 過了一段時間亦公佈了新的隱私安全政策。

由 2022 年開始，Google Play Store 上的應用程式將在新的安全區塊中，顯示應用程式所收集的數據以及與隱私安全相關的資訊。Google 表示此計劃目的在幫助用戶了解

應用程式收集或共享的數據，以及影響私隱和安全性的其他詳細資訊，讓用戶可仔細了解應用程式可以取用哪些用戶資料，例如位置、聯絡人、電郵地址等。

除此之外，Google 在新的安全區塊中，也會向用戶披露其他資訊，例如應用程式有否給數據加密、是否遵守 Google 家庭及兒童政策、用戶對個人資料分享有沒有選擇權、如果刪除應用程式的話用戶能否要求一併刪除數據等。

網上常看到有人認為「你的數據不是你的」，每天使用智能手機時，每一個行動都會被記錄下來，被上傳到某個雲端伺服器，再被不同公司當作數據分析的材料。用戶數據有可能被公司用作買賣，數據庫亦有可能因保安不足而被駭客入侵，而風險大多數由用戶承擔。要避免個人隱私資料外洩，在下載免費應用程式前，應仔細看清應用程式所要求的存取權限，若有不合理的存取項目，建議不要安裝。

4.7 真假網上消息

　　網絡世界由 Web 1.0 發展為 Web 2.0，到現在逐步踏入 Web 3.0 時代。最初由網絡平台營運商單向地向用戶提供資訊，後期演變成用戶亦可創建屬於自己的內容並發布到網上給他人查閱，這改變讓整個互聯網充斥著大量資訊。若要進行資料搜集的話，我們都會打開瀏覽器在互聯網上的搜尋引擎搜尋。可是，你有沒有想過，你在網上找到的資料可能並不真實，甚至有些是偽造的消息？

　　在網上偽造及發布假消息或假新聞的人，有時是為了向別人炫耀一些事情，令各方網友羨慕；亦有些時候有更複雜的想法，希望在網上散播這些訊息並企圖以此影響他人行為。要能辨別假消息，應先思考一下對方會否有以下動機：

1.　為了獲取更多支持，當事人會製作對自己有利的正面報道，就好像是跟朋友吹嘘的加強版。假若讀者認為所有內容均為真實，就可把自己的支持度提高，或備受肯定。

2. 有些人為了在網上賺取收入，發布失實內容文章來換取高「點擊率」。點擊率越高，作者的收入就越多。作者會到社交網站或其他平台分享或轉載這些文章，令其成為搜尋引擎中的搜尋結果之一。「內容農場」（content farm）網站就是其中一個例子，通過發布大量資訊以賺取網上廣告收益。

3. 在外國常見的假消息或新聞多數為諷刺性質，藉此來諷刺政府或抱打不平。有不少這類假新聞都製作得很誇張，或者看來「很假」，以免令人信以為真。

4. 製作假消息也可作為攻擊別人的其中一個手段，例如在選舉或競爭項目的過程中利用假消息抹黑對手，令其聲譽受損。但是亦有攻擊者最後被揭發而弄巧反拙，結果影響的是自身形象。

5. 還有些情況是為了製造恐慌。2011 年日本大地震，引發災難性海嘯和核事故，當時謠言指「食鹽可以抗輻射」，因而引發全城「盲搶鹽」事件。

假消息或假新聞有以下常見疑點：

▶ 沒有提供來源或出處。

▶ 沒有標明確實人名，只用「有專家指」、「有人表示」
  等字眼。

▶ 用詞不具體，甚至論證沒有根據。

▶ 內容太誇張亦是常見通病。

要學會如何判別假消息，可參考記者 Michelle Nijhuis
（曾為 Smithsonian 的特約作家、*High Country News* 的特
約編輯和 2011 年 Alicia Patterson 基金會的研究員）的建議。
透過問問自己五個問題去判斷消息是否胡說八道：

Q1：是誰告訴我的？

這篇文章是誰寫的？為什麼刊登這文章？刊物或網絡
頻道之可信度有多高？有沒有既定立場？這些問題都
需要你花點時間去找答案。

Q2：對方如何知道這一點？

發布文章的人可能只看到一張照片，在完全沒有其他背景資料（例如拍攝照片之時間、地點及人物等）下，便就該照片寫了一篇文章。照片可能是真，亦可以是偽造的合成照。了解資料來源十分重要。

Q3：對方有可能是錯的嗎？

如果了解首兩項，那麼來源看來可靠，意圖也沒有問題。但是，文章發布者亦有機會誤會了來源資訊，或對資訊錯誤演繹。更可怕的是，當事人故意說謊，編一個從沒發生的故事，讓人誤以為真。

Q4：尋找另一個不相關來源

如果第 3 項發現是錯的，到其他刊物或網絡頻道看看吧！要找個「不相關來源」的原因是「相關來源」可能有著共同利益關係，而利用「不相關來源」所發布的資訊作比對則較為可信。

Q5：重複以上步驟，直至第 3 項的答案為「非常不可能」。

除了可參考專業記者的意見外，Facebook 亦在 2021 年初提出了十個方法，教大家如何分辨不實資訊：

1. 對標題持懷疑態度，多留意標題內容會否用某些方法（例如全英文大寫文字）吸引你的注意或讓你感到震驚，那可能是不實報道。

2. 仔細查看網址，有很多不實報道都會偽裝成真實的資訊來源，建議直接前往官方網站或到可靠的網絡頻道作資訊比較。

3. 確認消息來源是由知名媒體或你熟悉的網絡頻道所提供，對於其他媒體所發布的內容，宜先查詢來源背景以作進一步判斷。

4. 很多虛假資訊網站都會出現錯拼的詞語和奇怪的排版。

5. 不實報道往往會加入盜用的影片和圖片，或會利用真實的圖片來斷章取義，建議可把圖片在搜尋引擎上搜尋以確認來源真偽。

6. 虛假消息可能會出現不合理的時間順序，甚至是已被竄改的事件發生日期。

7. 檢查文章發布者所使用的資料來源是否準確真實，如果證據不足或找來匿名專家分享意見，這就可能是虛假消息。

8. 如果有多個具公信力的來源都報道了相同的內容，該消息真確度則較高。

9. 有時候很難把假新聞和諷刺類文章分類，應仔細查看新聞細節及來源發布之其他文章，看看是否為了嘲弄時事而寫。

10. 時刻保持自我的批判性思考，只分享你相信的消息，在沒有確認消息之真實性之前，不要在網絡上分享。

詳情可參考 Facebook 官方網頁：

https://www.facebook.com/help/188118808357379/

官網中亦可找到在平台上處理不實資訊的建議方法。

Facebook 在 2019 年啟動了「第三方事實查證計劃」，審查 Facebook 上的文字及影音內容，若查出有不實內容，將降低其觸及次數（reach）。部分「內容農場」網站文章已經無法在 Facebook 分享，系統會顯示「此連結違反我們的《社群守則》，因此無法分享你的貼文」，例如「密訊」、「每日頭條」（kknews）、「讚新聞」（Hssszn）等都不允許在動態消息上發布。

如要在瀏覽器之搜尋引擎上封鎖「內容農場」網站，可安裝瀏覽器插件（extention），或把網站加入黑名單。常見的瀏覽器包括 Chrome、Firefox 及 Safari 等都有這類由第三方開發之插件（例如「Content Farm Terminator」、「uBlacklist」），大家不妨試試。

另外，Facebook 在當時亦推出「新聞標籤」（news tab）一新功能，由一隊獨立新聞團隊每天去挑選重要新聞並進行分類，包括商業、娛樂、健康、科學、科技及運動等，令用戶能從廣泛的消息來源，更清楚區分新聞與用戶分享動態。直至 2021 年底，「新聞標籤」只讓美國、英國、德國及澳洲的用戶使用，在香港、台灣或其他地方的你，相信要繼續耐心等候。

總結

互聯網平台比父母更了解你,這是不爭的事實。

一切都由人與人之溝通開始。發送即時短訊,會使用 WhatsApp、WeChat(微信)、Telegram 或 Signal;社交網絡平台會使用 Facebook、Instagram;網上會議或上課的軟件主要為 MS Teams 及 Zoom;電郵平台大多數為 Google Gmail 或 Microsoft Outlook;兩大主要網絡遊戲是 Minecraft 及 Roblox;而遊戲通訊軟件以 Discord 為主。

所有溝通及資訊分享均在互聯網上發生,我們每時每刻都產生大量網絡數據,而這些數據都是我們的網絡足跡,很難(甚至沒可能)被抹掉。數據以多種型態存在於互聯網中,當中包括文字、圖像、聲音及影片。對生產數據的你來說,可能並沒有什麼感覺;但是那些網絡平台營運商一直在想辦法獲取更多關於所有用戶的資料。其實原因不是那麼負面,只為了解每個用戶多一點,從而提升用戶對平台的依賴度(stickiness)。

如何令用戶黏著某個社交網絡平台？例如了解你的喜好並主動為你顯示相關資訊、預測你的日常交通路線並為你下一個行程提供建議，或網購時顯示你想購買的商品等，其實都為每位用戶帶來不少方便。

由於近年越來越多與個人私隱資料相關的新聞大事發生，提高了世界各地之互聯網使用者就自我私隱及保護的關注度。有很多調查機構對個人私隱資料使用的調查結果顯示，大部分受訪者都擔心個人私隱遭洩漏。假若這些社交網絡平台都是合法地使用每位用戶的個人資料，作為其中一分子的你，究竟害怕什麼？

在現實生活中，你可能會經常到某家餐廳用餐。如果是午市時間，你大多數會揀選其中一個午餐，夏天時會選配凍咖啡，而冬天則改為熱飲。若是晚餐的話，你會選擇兩個小菜，必須配上例湯。而且晚上都不會再喝咖啡，會改為檸檬茶。這種習慣，相信每個人都有。在住宅區餐廳常看到餐廳侍應非常了解顧客的習慣，當客人踏進餐廳後，可能只需說一句「例牌」（意思是跟之前一樣）便完成下單。這種「有溫度」之服務，讓顧客產生賓至如歸的感覺。

你不會害怕餐廳侍應了解你的習慣，若這份關懷在網上平台發生，你亦會欣賞嗎？

整個世界一直在進步，大數據是其中一個重要原材料。由數據產生、收集、整理、儲存、分析、解讀結果至回饋用戶（例如商品推介或推送廣告），整條產業鏈都是以大量數據作為基礎，並在互聯網世界中發生。為了解每位用戶所需，世界各大科技企業一直在投入大量資源。在另一邊的我們，在大部分情況下，都是「免費」使用這些服務。世上並沒有免費午餐，付出代價是必須的，而代價不一定指金錢，亦可用其他方式或形式（例如網絡足跡）替代。

由 Web 1.0 進化至 Web 3.0，重點在於「生產內容」及「消耗內容」。在互聯網世界，未來會出現越來越多各式各樣的社交平台或服務平台，令我們產生越來越多的網絡數據。相信你知道這些數據幾乎沒可能被抹掉，更重要的是數據並不會因為「經使用」而消失。在現實世界中，數據都是不斷地被重複使用，作為不同數據分析項目之材料。所以全球之網絡數據量只會更急劇上升。

其實，作為數碼公民，我們真正害怕的是個人私人資料在不知情的情況下被使用，或售賣給第三方作其他用途，例如身份證號碼或信用卡資料被盜用，或發現有公司在你初次接觸時已獲得你的個人資料等。如果公司收集我們的個人資料並作非法使用，可能直到事件被揭發時才被通知，這類事故我們都控制不了。

有些事情我們更加控制不了，有沒有想過科技巨企利用所收集的用戶資料來控制用戶行為？例如透過各種心理分析或小遊戲去了解你的想法，策略地向你推送相關資料，意圖及企圖影響你在真實世界的行為。最廣為人知的例子為「劍橋分析事件」（詳見本書〈3.5 科技巨企資料外洩〉），Cambridge Analytica（一家英國數據分析公司）在 2018 年 3 月被揭發不當取得 5,000 萬 Facebook 用戶數據，被質疑是 2016 年美國總統大選 Donald Trump 團隊用來左右選舉的工具。

與其擔心一些一般用戶完全控制不到的事，倒不如關心一下我們日常生活的舉措。在這裡想跟各位分享最後一個重點：

關於你的個人資料保護，你都有選擇權！

你可決定設置一個怎麼樣的密碼，你可選擇是否所有網絡帳號都使用同一組用戶名稱及密碼。你可在家中的路由器選取哪種 WiFi 加密方法，或在街上連上哪個免費公共WiFi。你有權決定會否在你的電腦上安裝防毒軟件，及就不明來歷的廣告或電子郵件採取應對方法。除此之外，你有權選擇在網絡平台申請帳號時是否仔細看清使用及私隱條款，在手機操作系統及手機應用程式中設定合乎自己要求的私隱保護及數據使用授權。還有在網上產生什麼內容、轉載那些訊息等，這一切行為，選擇權都在你手。

自我保護意識在任何時代都是基本操守。在現實世界中，家中大門的鑰匙你不會隨意給予身邊的人。在網絡世界其實亦同樣，帳號名稱及密碼、身份證號碼、住址、信用卡資料等都跟家中大門鑰匙同樣重要。相信你不希望陌生人可隨意在你家中出入，甚至使用你的身份與你家人及朋友溝通。如果你想像到這個情景，定必會好好注意自己在網絡留下的足跡。

如果形容現時為「互聯網時代」，相信略嫌過時，因為互聯網已經成為生活其中一個必需品。有人會說現在是「人工智能及大數據時代」，這個題材雖然亦不是新鮮事，但隨著科技進步，大數據分析及人工智能技術應用會越來

越普及。尤其在最近幾年，在各個領域的技術更突飛猛進，包括網絡及運算速度、人工智能預測之準確度等均獲得明顯提升，令我們在日常生活中開始接觸到這些技術成果。若要形容目前人工智能應用的發展階段，現時仍是起步階段，未來仍有無限發展空間。

科技發展越來越快，人類開始對未來有很多幻想。這些在過往完全不切實際的想法，現時都看到曙光，在未來的確有可能發生。有些人會用過去經驗去改善將來，而有不少新一代的年輕人會選擇跳出框框，利用創新思維令未來變得更加有趣。

上一本書《神奇的互聯網——互聯網基礎概念和知識》簡單介紹互聯網之技術應用及運作，而本書則針對如何在上網時好好保護自己，成為一個負責任的數碼公民。作為互聯網世界中的其中一員，要跟得上時代步伐，必須先對互聯網運作及技術有基礎認知。

別以為這些技術會很快過時，雖說每種技術隨著時間一直在進化，但技術發展之起點是不變的。了解過去技術發明之由來及演變過程，定必對作為未來科技使用者（甚至為創造者）的你大有裨益。

「元宇宙時代」即將來臨。由 Facebook 創辦人 Mark Zuckerberg 在 2021 年 10 月的發布會「Facebook Connect 2021」中提及「元宇宙」（metaverse）開始，各大科技公司積極宣布投放大量資源開發自己的「元宇宙」，當然包括虛擬實境（virtual reality）、擴增實境（augmented reality）、去中心化（decentralization）等科技應用，人工智能（artificial intelligence）亦佔一席位。期望全球所有互聯網使用者除了家居及辦公室（或學校）外，把元宇宙當作為第三個生活中常出沒的地方。相信「元宇宙」將來可把虛擬世界與真實世界連接起來，令用戶可比過往更真實地在網上與他人互動。這一切一切，都繼續依賴著互聯網整個大舞台。掌握這兩本書的內容及知識後，便可開始發掘未來世界。

　　「在未來會否有機械人管家？」

　　「人工智能技術可用來創造些什麼？」

　　「人工智能機械人會否毀滅地球？」

　　「人類在未來可否只活在虛擬世界？」

期望下一本書可與各位分享未來科技發展趨勢及如何
讓年輕人為未來世界做足準備。

智能時代的風險與自我保護

作　　者	Dr. Jackei Wong
總 編 輯	葉海旋
編　　輯	李小媚
助理編輯	周詠茵
書籍設計	joe@purebookdesign

出　　版　花千樹出版有限公司
　　　　　地址：九龍深水埗元州街 290 至 296 號 1104 室
　　　　　電郵：info@arcadiapress.com.hk
　　　　　網址：http://www.arcadiapress.com.hk

印　　刷　美雅印刷製本有限公司

初　　版　2022 年 6 月
I S B N　978-988-8484-98-0

版權所有　翻印必究